昆虫に寄生する

冬虫夏草の一種、サナギタケ。チョウやガの蛹に寄生し、その遺体から棍棒状のキノコを伸ばす（提供：大作晃一）

宿主を操る

上｜アリの身体を乗っ取りゾンビのようにして操る、オフィオコルディセプス・ユニラテラリス。「ゾンビアリ」は半死半生で放浪した後、低木の葉の上で不可解な死を遂げる（提供:David Hughes）

下｜死んだアリの頭のつけ根あたりからキノコの柄が伸び始める。写真の菌は日本産のタイワンアリタケ（提供:大塚健佑）

花に化ける

プクシニア・モノイカが、ヤマハタザオ属の植物(丸囲み)に寄生してつくった「疑似花」。近くに咲くキンポウゲ属の植物の花と、形や大きさ、色などが似ているだけでなく、蜜まで生産する念の入れよう(Lesfreck CC-BY 3.0)

上｜燃え立つ炎のような姿をしたカエンタケ。その毒も強力で、触れるだけで皮膚がただれることもあるという（提供：大江友亮）

中｜ドクツルタケ。強力な毒を持つことと純白色の美しい姿から、欧米では「破壊の天使」という異名を持つ（提供：新井文彦）

下｜毒キノコの代名詞とも言える、ベニテングタケ。樹木と共生する菌根菌で、見た目も大変かわいらしい

毒を持つ

強烈なにおい

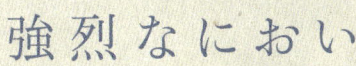

上｜希少種アカイカタケ。その奇怪な姿はもちろん、臭いにおいによって虫を引き寄せるのも特徴的（提供：大江友亮）

下｜ウスキキヌガサタケ。先端部分から発せられるにおいがすごい反面、ドレスのような網目状の菌網を伸ばす姿はとても美しい（提供：牛島秀爾）

ラッシタケ属の一種

形と色彩

独特な色や形を有する
多種多様なキノコ

ホシアンズタケ（提供：新井文彦）

クチベニタケ

キッタリア属の一種（提供：伊藤元己）

ツチグリ（Σ64 CC-BY 3.0）

ツキヨタケ（提供：新井文彦）

ツノマタタケ

カゴタケ

チシオタケ（提供：新井文彦）

ソライロタケ（提供：大江友亮）

シロキクラゲ

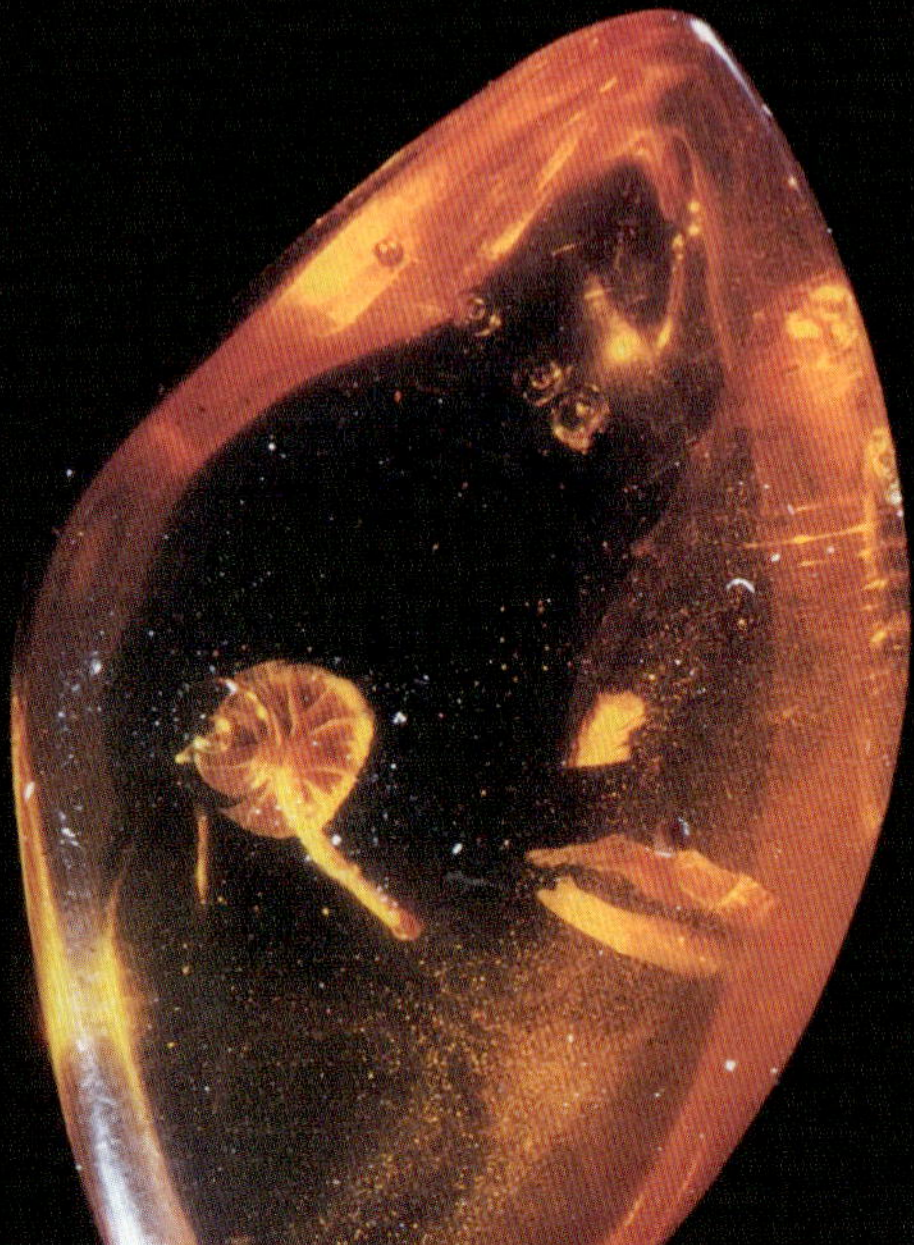

琥珀の中から見つかったキノコ（プロトマイセナ）の化石。脆く腐りやすいキノコが化石として残るのは珍しい（提供：David Grimaldi）

太古の化石

奇妙な菌類

ミクロ世界の生存戦略

白水 貴 Shirouzu Takashi

NHK出版新書
484

まえがき

菌類は多くの人々に誤解されている。

筆者は菌類の研究者である。これまでの研究生活の中で日常生活から生態系のスケールに至るまで、我々の生きる世界が常に菌類からの恩恵を受けて成立していることを、おそらく人一倍実感してきた。

だが、研究を続けるうちに、あるいはその内容を人に話したりしているうちに、目に見えない菌類のような微生物を気にかけている人など、じつは我々研究者以外にほとんどいないという衝撃的な事実にも、うすうす気がついてきた。

極端に言えば、日ごろから野を歩き、山を登り、自然に親しんでいるナチュラリストでさえも、普段は動植物の陰に隠れがちな菌類に対して、あまり関心を払っていないようなのである。中には好事家もいるにはいるが、「キノコ好き」は一定数いても、「菌類好き」は少ない。

いや、興味がないだけならまだいい。菌類研究者の被害妄想なのかもしれないが、どちらかというと多くの人はこの小さな生物を蔑み、忌み嫌う傾向があるようなのだ。事実、「菌」と聞けば、「バイキン」という言葉とともに眉を顰める人は存在する。

「バイキン」は漢字で「黴菌」と書く。「黴」はカビ、「菌」はキノコのことで、ともに立派な菌類である。そういう意味では間違っていないのだが、一般に「バイキン」は細菌やウイルスなども含めた有害な微生物全般を指す言葉として使われているように思う。

これら感染症や食中毒などを引き起こす微生物の悪印象が、おそらく菌類に対するマイナスイメージにもつながっているのではないだろうか。菌類が湿ってじめじめとした場所を好むことも、そうした連想を強化しているのかもしれない。

もちろん、菌類の中にも人間に害をなすものは存在する。しかし、それらは全体から見るとほんの一部だ。筆者には、いま述べたような状況に置かれている菌類が不憫に思えてならない。

そこで本書では、スター性のある菌類を紹介することで、世間一般に抱かれているマイナスイメージを払拭したい。スター性のある菌類とは、とりわけ物珍しい形や面白い生態を持つ菌類のことである。

巻頭の口絵で見ていただいたように、地味に思われがちな菌類の中にも、じつは魅力的な種類がたくさん存在する。選からこぼれた菌には申し訳ないが、本書ではその中から独断と偏見で特に興味深いものを選りすぐらせてもらった。

意外に思われるかも知れないが、菌類は植物よりも、ずっと我々人類を含む動物に近い生き物だということが近年わかってきた。菌類は植物と違って、自力で養分をつくりだすことができない。我々と同様、栄養を他の生物に頼って生きている儚い生き物なのだ。

菌類のような自力で養分をつくりだすことができない生物が生きていくためには、あの手この手で他の生物から栄養を得る必要がある。

ちっぽけな菌類が、動物や植物、他の微生物との様々な相互関係の中で、どのように生をつないできたのか。多種多様な形や生き様を入り口に、その巧みな生存戦略にぜひ注目していただきたい。

陸上生態系5億年の歴史とともに多様化してきた菌類の進化史は、その未知なる生態を解き明かしてきた人類の研究冒険譚でもある。

最初に述べたように、我々が当り前に過ごしている日々は菌類のおかげで成り立っている。身近なところでは、食卓に並ぶ栽培キノコや、酒、味噌、醤油に代表される発酵食品は菌類による産物だ。また、菌類から開発された医薬品は、これまで数多くの人の命を救ってきた。

人類は、菌類の未知の多様性を解明することから、自らの生きる生態系についての理解を深めるとともに、そこから得た知識を実生活に役立ててもきたのだ。本書では、最後にこういった人類と菌類の関わりについても触れるつもりである。

生物学の究極の目的は、生命とは何か、生きているとはどういうことかといった普遍的な疑問に答えることだろう。菌類の研究に関しても、それは同じである。答えは出せないかもしれないが、菌類の圧倒的な多様性と変幻自在の生き様を見ながら、一緒に思いを巡らせていければと思う。

菌類について知ることは、見えないものの存在を感じ、不思議に思い、理解しようとすることでもある。目に見える世界に慣れてしまった我々は、菌類のように見えないものの存在をついつい忘れがちである。本書を読むことが、そうしたミクロな世界へのしなやかな感性を育む一助になれば、これ以上のことはない。

それでは、一緒に菌類の世界を見に出かけようではありませんか。

奇妙な菌類——ミクロ世界の生存戦略　目次

第1章　菌類の奇妙で面白い世界

「真の菌類」？

皆さんは「菌類」と聞けばどのような生き物を思い浮かべるだろうか？　食品売り場のシイタケやお風呂場の黒カビ、パンを膨らませるイースト、納豆をつくる納豆菌、もしくは人を病気にする病原菌などが、頭に浮かんでいるかもしれない。

いま挙げたような、一般に「菌類」と呼ばれる生き物は、いずれも微生物であるという点では共通しているものの、生物学的には全く別の種類の生き物である。

これらは「真菌」と「細菌」、「ウイルス」の3つのグループに分けることができる。すなわち、シイタケ、黒カビ、イーストは真菌、納豆菌は細菌、人を病気にする病原菌と呼ばれるものの多くは細菌やウイルスとなる。

このうち、本書で扱うのは「真の菌類」と書く「真菌」である。以降、本書で「菌」や「菌類」と書いた時には、一部例外はあるものの、基本的に真菌のことを指していると思っていただきたい。

「真の菌類」というと随分思わせぶりだが、これは、細胞内に核を有する真核生物としての菌類、というほどの意味である。簡単に言ってしまえば、核を持たない細菌や自前の細胞すらないウイルスと比べて、細胞学的にも進化学的にもはるかに我々人類に近いということだ。

しかし、同じ真核生物であるとはいえ、なぜシイタケや黒カビやイーストのように、大きさや形がこれほど異なる生物が、菌類という同じグループにまとめられるのだろうか？シイタケ、黒カビ、イーストは、それぞれ、「キノコ」、「カビ」、「酵母」と呼ばれる。とすると、キノコ、カビ、酵母に菌類としての何らかの共通点があるということだろうか？

菌類について書くにあたっては、まずこのあたりから説き起こしていく必要がある。そこで本章では、これらの一見雑多な生き物が菌類として一つのグループにまとめられることになった理由について、最新の研究も踏まえながら少し詳しく説明していく。

「菌類の基本についてはすでによく知っている」という方は読み飛ばしていただいても構わないが、おさらいをする気持ちで読んでいただければ、さらに理解が深まるのではないかと思う。せっかくなのでぜひおつき合いいただきたい。

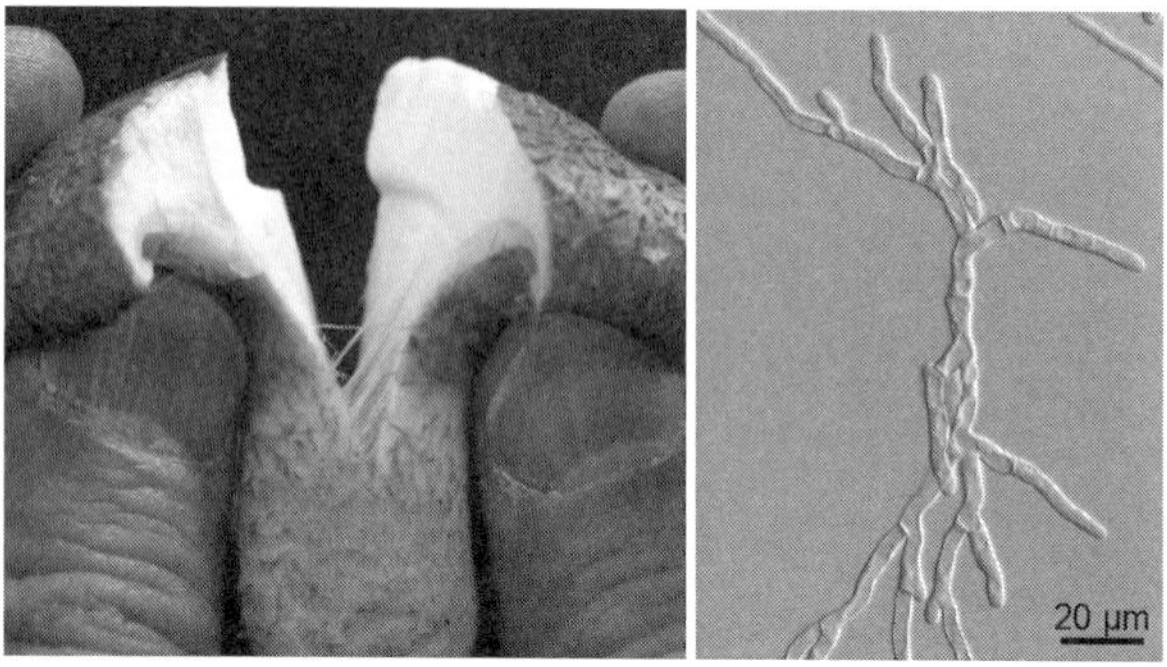

写真1–1　縦に裂いたシイタケ（左）と顕微鏡で見たシイタケの菌糸（右）（撮影：細矢剛／提供：国立科学博物館）

キノコ・カビ・酵母の違い

それでは、菌類という得体の知れない生き物の理解を少しでも進めるために、最も身近なキノコであるシイタケを例に、その体のつくりを見ていこう。

シイタケを両手で持って縦に裂いてみると、裂け目に白くて細い糸状のものが見えるはずだ。これが「菌糸」である。もう少し厳密に言えば、目に見えないほど細い菌糸が束になることで可視化された状態ということになる（写真1–1）。

菌糸は円筒形の細胞が糸状に連なったもので、直径は10マイクロメートル（1ミリメートルの100分の1）にも満たない。シイタケなどのキノコだけではなく、黒カビなどのカビも顕微鏡で拡大して見れば、その体が細い菌糸から成り立っていることがわかる（写真1−2）。キノコとカビは異なる生物であると思われがちだが、どちらの体も菌糸からできている点では同じなのである。

我々は、この菌糸が集まって目に見えるほど大きな塊となったものをキノコと呼び、そうでないものをカビと呼んでいる。種類によっては、普段はカビとして生活しているが、条件が揃うとキノコを形成するものもいる。

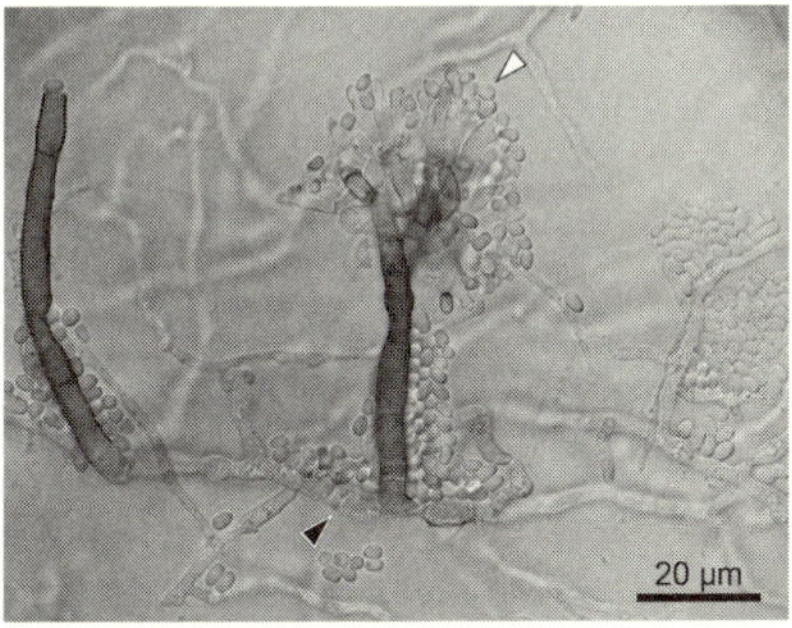

写真1–2　顕微鏡で見たカビの菌糸（黒矢印）と胞子（白矢印）

一方、酵母はキノコやカビとは少し事情が異なる。培養した酵母を顕微鏡で見てみると、直径数マイクロメートルの小さな球状の細胞が多数漂っているのが観察できる（写真1−3）。菌糸を構成している細胞一つひとつがばらばらに分離している状態をイメージしてもらいたい。これが酵母である。菌糸の状態で生長していた菌が、条件が変わることで酵母状に変化することもある。

少しややこしいが、同一の菌が、場合によっては小

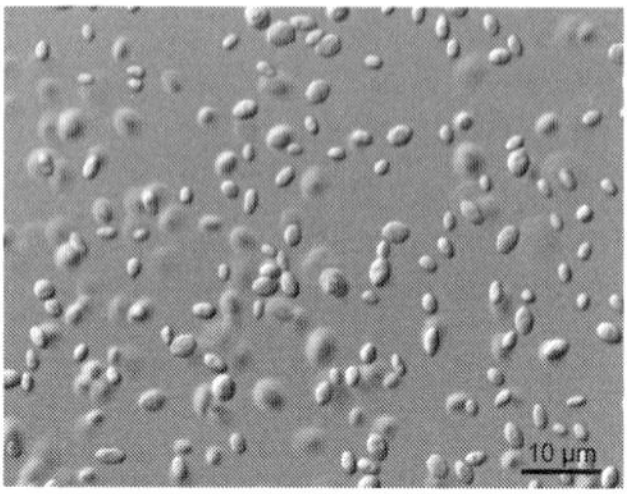

写真1–3　酵母の顕微鏡写真（撮影：細矢剛／提供：国立科学博物館）

さなカビとして生活をしたり、大きなキノコをつくったり、細胞がばらばらに分かれた酵母状になったりすることがあるということだ。

つまり、我々はあくまで菌類の外見的な特徴を指して、カビ・キノコ・酵母と呼んでいるに過ぎないのである。多くの読者はまずこのことに驚かれるのではないだろうか。こうしたとらえどころのなさと、目に見えないほど小さいという微生物としての特性が、菌類を直感的に理解することを難しくしている。

だが、まずは菌類の体は基本的に菌糸からできていること、そして菌糸こそが菌類という生物の共通点であり、「生活」の基本単位であるということを覚えていただければ十分だろう。

菌類の巧みな繁殖戦略

では、いま一度シイタケを手にとって、今度はカサの裏側を見てもらいたい。放射状に並んだやわらかい白いヒダが見えるのではないだろうか。触ってみると、フワフワとしていて気持ちいい。じつはこのヒダはキノコにとって最も大切な部分である。

なぜなら、ここで「胞子」という、植物でいうところの種(たね)にあたるものをつくっているからだ。菌類は基本的にこの胞子によって繁殖する。つまり、キノコは次世代へとつながる胞子をつくるための巨大な生殖器官なのである。

この胞子を出発点に、キノコの「生活環」(生物の成長や生殖による変化が一通り出現する周期)をやや駆け足になるが説明しよう。ヒダから放出された胞子は好適な環境の下で発芽して菌糸となり、体の表面から養分を吸収しながら生長していく。

この菌糸は、通常、細胞内に一つの核を持つ「単核」の状態であり、このままではキノコ(「子実体」とも呼ばれる)を形成することができない。キノコをつくるには、性の異なる他の菌糸と融合し、細胞内に二つの核を有する「二核菌糸」となる必要がある。つまり、この二核菌糸やキノコは菌類が有性生殖する過程で形成される構造なのだ。

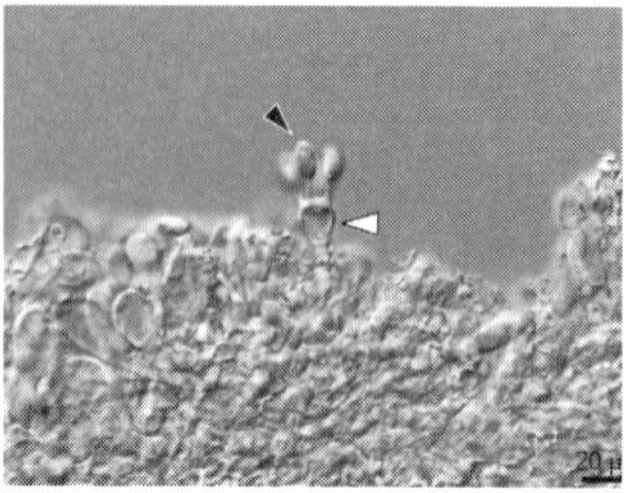

写真1–4　顕微鏡で見たシイタケの担子器（白矢印）と担子胞子（黒矢印）（撮影：細矢剛／提供：国立科学博物館）

人の有性生殖の場合は、受精時に父親由来と母親由来の二つの核が融合して一つの核となり、細胞分裂による成長を開始する。だが、シイタケなどのいわゆるキノコ類の場合は細胞内に二つの核を有したまま生長していく。このように由来の異なる二つの核を持ったまま生活している状態は他の生物にはまず見られない。

この菌糸が養分を得ながら生長し、条件が整ったらキノコの形成が始まる。こうしてできあがったキノコのヒダの表面には、「担子器（たんしき）」（写真1–4）と呼ばれる、胞子をつくるための細胞が並ぶ。

ここで、ついに二つの核が融合し、「減数分裂」（核分裂の様式の一つで、分裂後の染色体の数が分裂前の半分になる）を経て新たな胞子（担子胞子）が形成される。こうして、キノコの生活環が一巡する（図1–1）。

菌類がつくるキノコは、有性生殖のために形成される器官であることから植物の花にたとえられることもある。たしかに赤や黄や青の色とりどりのキノコには、植物の花に負け

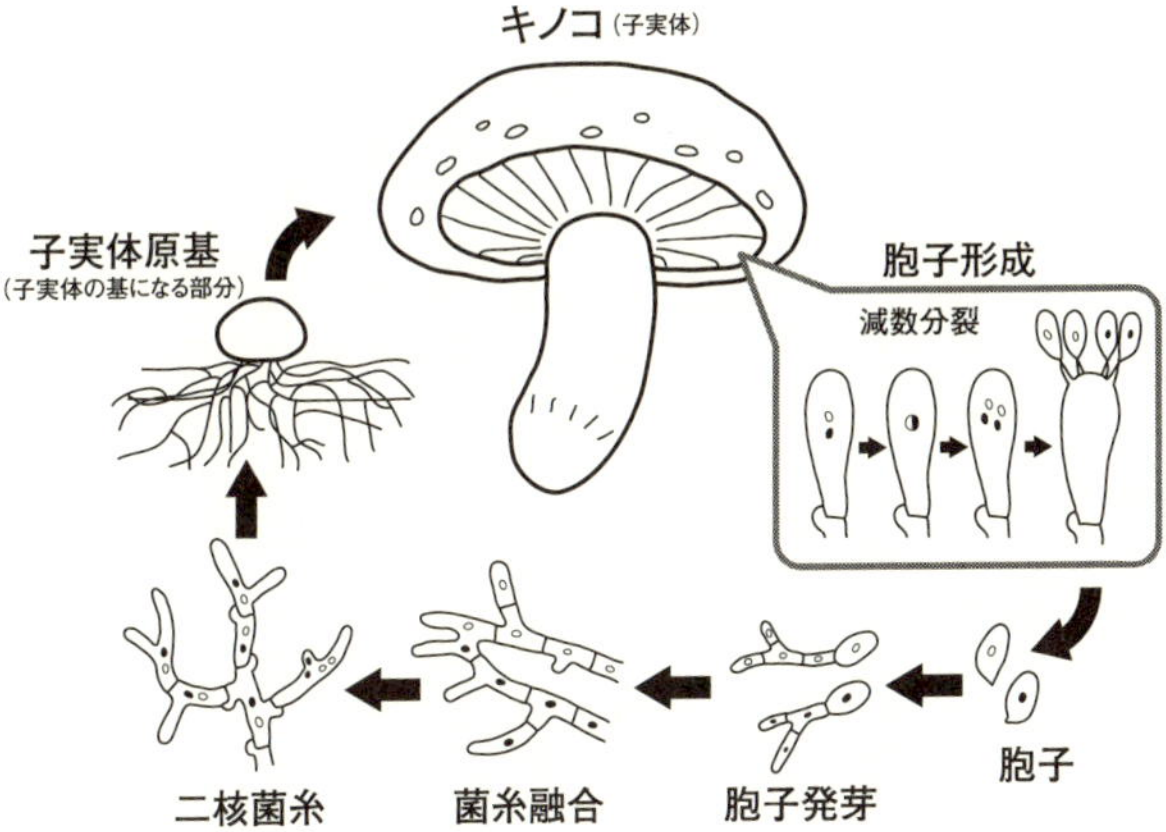

図1–1　シイタケの生活環

ずとも劣らない観賞価値がある（口絵参照）。世の中にはキノコの愛好家が少なからずいるが、それもうなずける。

なお、生殖器官であることからもわかるように、キノコはあくまでもその菌の一部分に過ぎない。では、残された本体はどこにあるかというと、地面の下や倒木の中に菌糸として広がっている。こうしたことを知っているだけでも、森林や公園で目にするキノコから受ける印象が変わってくるのではないだろうか。

一方で、カビはどのように繁殖するかというと、基本的には生え広がった菌糸の上に直接胞子を形成する。たとえば、餅に生えたアオカビをよく見ると、ところどころ粉状になっている部分が観察されるはずだ。この粉のように見えるものがアオカビの胞子の塊である。また、酵母は細胞が二つに分かれる「分裂」や、細胞から小さな芽が出て新たな細胞となる「出芽(しゅつが)」によって増殖する。

つまり、キノコ(をつくる菌)と異なり、カビや酵母の多くは無性生殖で繁殖しているのである。ただ、異なる性の菌糸が近くにいたり、無性生殖を続けることが割に合わなくなってきたりすると、無性生殖から有性生殖に移行することもある。

こうしてつくられた菌類の胞子は空気中、時には水中に散布され、漂い、運よく生活に適した場所に到達すれば、発芽して菌糸となり、新たな世代の営みを開始する。その生活環は時に複雑であり、有性生殖をしている時はキノコの形をしているが、無性生殖時にはカビや酵母の状態をとる、というような種類もいる。

少々ややこしいが、菌類は条件によって生殖方法や姿かたちを使い分けることができるということだ。こうした変幻自在な繁殖方法が菌類の巧みな生存戦略の一端を担っているのである。

ちなみに、少し専門的な話になるが、本書で扱う菌類は主に胞子のつくり方によって

表1-1　本書で扱う菌類の主なグループ

担子菌類	キノコと呼ばれるものの多くが所属。「担子器」と呼ばれる細胞にて担子胞子（有性胞子）を形成
子嚢菌類	カビと呼ばれるものの多くが所属。「子嚢」と呼ばれる袋状の細胞内に子嚢胞子（有性胞子）を形成
グロムス菌類	様々な陸上植物の根に「アーバスキュラー菌根」と呼ばれる菌根を形成する菌類。有性生殖をするかどうかは不明
接合菌類	ケカビやハエカビなどが所属。「接合胞子嚢」の中に接合胞子（有性胞子）を形成。最近の分類では複数のグループに分けることが提案されている
ツボカビ類	鞭毛を持つ細胞である「遊走子」を形成。最近の分類では複数のグループに分けることが提案されている

（注）微胞子虫類は本書では扱わない

「担子菌類」、「子嚢（しのう）菌類」、「グロムス菌類」、「接合菌類」、「ツボカビ類」の5つのグループに分けられる。

詳しくは表1-1にまとめたので、本書を読み進める上でわからない言葉が出てきたり、より菌類に興味を持っていただけたりしたら、ぜひ参考にしてもらいたい。

近代菌学と光学顕微鏡

ここまで菌類の基本について簡単に説明してきた。これらの知識は長い年月をかけてなされた研究の成果、特に近代菌学の土台の上に成り立つものだ。おかげで、現代に生きる我々は菌類の本体は目に見えない菌糸であり、それよりもさらに小さな胞子によって繁殖していることを知っている。しかし、こうした前提知識を持たない人々の目に菌類はどのように映っていたのだろうか？

菌糸を基本とする菌類の生活史がわかっておらず、胞子も発見されていなかった時代を想像してみてほしい。地を這って移動するでもなく、空を飛ぶでもなく、また種が何かに運ばれるわけでもないのに、あちらこちらに雨後の竹の子のように突如としてキノコが姿を現す。このような、一体どこからきたのか、どうやって生きているのか想像もつかない菌類は、さぞ奇妙な存在だったに違いない。

キノコを指して「この世で最も不思議なのは根を持たずに生じ、生活しているものたちだ」と記したのは、かの有名な古代ローマの博物学者ガイウス・プリニウス・セクンドゥス（A.D.23～79）である。(1)

この他にも、昔の学者たちは「菌類は悪魔が土を腐敗させたもの」や「キノコは雷によってつくられる」など、いまから考えるとずいぶん珍妙な説によって菌類を理解しようとしていた。かつては、生物が無生物から発生するという自然発生説が広く信じられており、地面から突如現れるキノコは、土から自然に生じると普通に考えられていたのだ。

東洋でも、古代インドの聖典『リグ・ヴェーダ』に「雷の神はソーマ（キノコ）の父である」という主旨の記述があるという。[1] 雷がキノコを生むなど一笑に付すような話だが、あながち迷信とは言い切れない部分もある。

落雷を受けた木の周りにキノコがたくさん発生するという話はよく聞くし、電気ショックを与えることでキノコの発生が促進されるという研究報告も実際にある。[2] どうやら、雷とキノコの関係は現代科学でも説明できそうだ。さらには、電気刺激によって栽培キノコの収量を増加させる「キノコ増産装置」も市販されている。いやはや、昔の人の観察眼は侮れないものである。

しかし、やがて菌類の研究は、こうした魔術的な世界観から大きな飛躍を遂げる。そのきっかけとなったのは、光学顕微鏡の発明だった。顕微鏡を使った生物学の業績で有名なのは、イギリスのロバート・フック（1635～1703）と「微生物学の父」と言われるオランダのアントニ・ファン・レーウェンフック（1632～1723）だろう。

このうちレーウェンフックの顕微鏡は直径1ミリ程度の球形レンズを、金属板にはめ込んだだけの簡素なものだったが、倍率は200倍以上で、これが微生物や精子の発見につながった。そして菌類研究においても17世紀以降、微生物を観察できる顕微鏡を使って、肉眼で見ることのできなかった菌糸や胞子を拡大して観察することが可能になった。

顕微鏡を用いた菌類観察で重要な業績を残したのが、イタリアの植物学者ピエール・アントニオ・ミケリ（1679～1737）である。ミケリは約900種の菌類の特徴を記載し、胞子の発芽や培養性状（菌類などを培養した時の色や形状等）を観察した。

菌類研究者以外にはあまり知られていないかもしれないが、本書ではいま述べたようなミケリの活躍によって、現代につながる菌学の基礎がつくられたことは特筆しておきたい。

なお、こうした菌類研究の系譜は、時代が下った日本にもしっかり受け継がれている。中でも目を引く人物が、偉大な博物学者とも奇人変人とも称される南方熊楠（みなかたくまぐす）（1867～1941）である。

熊楠は和歌山県で生まれ、若くしてアメリカ、イギリスに学んだのち、南紀熊野の森を拠点にありとあらゆることを研究した博覧強記の人物として知られる。特に粘菌や菌類などの隠花植物（かつて植物として扱われていた生物のうち、花を咲かせないものの総称）に興味を持っていたようで、残された3500枚もの「菌類図譜」は学術面のみならず、美術的にも高く評価されている。

じつは、筆者も同じ和歌山の出身であり、熊楠の没月日に生を受けたという不思議な縁がある。このような経緯もあってか、いまは菌類研究に勤しむ身である。在野の研究者であった熊楠が、明晰な頭脳と尽きることのない情熱によって未知の研究領域を切り開いた姿勢には、本当に頭が下がる。

植物よりも動物に近い⁉

話を菌類の研究史に戻そう。菌類に限らず、人類によって発見され新種として記載された生物には、「属名」と「種形容語」の2語からなる固有の名前が与えられる。これが「種名」であり、その表し方は「二名法」と呼ばれている。この二名法を普及させた功績から、「分類学の父」と称されるのがカール・フォン・リンネ（1707〜1778）である。

「神が創りリンネが分ける」とまで言われたリンネだが、この偉大な分類学者にとっても菌類はとらえどころのない生物だったようだ。「菌類は混沌としている」という彼の言葉からもその困惑ぶりがうかがえる。(1)

まだ進化論もなかったリンネの時代、生物は「動く」か「動かないか」という明快な基準で二つに分けられていた。すなわち、動く生物は動物、動かない生物は植物とされたわけである。

この時代、菌類がどのようにして繁殖しているかなどはすでに明らかになってはいたが、動かない生物である以上、菌類は当然のように植物の仲間として扱われていた。しかし、のちに菌類は植物とは異なる特徴を持っていることが指摘されるようになり、ついに植物のカテゴリーから独立することとなった。

その転機となったのが、ロバート・ホイタッカー（1920〜1980）による、生物を大きく5つに分ける「五界説」の提唱である。ホイタッカーは動くか動かないかではなく、生物が養分を得る方法の違いを重視し、従来の分類体系の再編を試みた。

その結果、主な多細胞生物は、摂食消化する動物（「動物界」）、光合成する植物（「植物界」）、体表面から吸収する菌類（「菌界」）の3つに分けられることになったのである（残りの2つは、細菌や藍藻〔シアノバクテリア〕などからなる「モネラ界」と、単細胞の真核生物が中心となる「原生生物界」）。

おかげで植物からの独立を果たした菌類は、以降、動物、植物と肩を並べる多細胞生物として扱われるようになった。それまでは、植物の中の一群とされていたため、植物学者がサイドワークで菌類の研究をする、といった状況もしばしばあったようである。

その後、菌類の分類学的な扱いが様々に変遷した中で、もともと菌類の仲間だと考えられていた「変形菌」(写真1–5)や「細胞性粘菌」、「卵菌」などの生物は他の界に移された。詳しい説明は他に譲るが、これらは真菌類に対して「偽菌類(ぎきんるい)」と呼ばれている。なお、偽菌類については菌類の研究者が長らく研究対象としてきたこともあり、便宜的に菌類の仲間として扱うこともある。

写真1–5　コケの上の変形菌。小さな子実体をつくって胞子で増えるため、かつては菌類の仲間として扱われていた

さらに近年では、生物の遺伝子を調べる研究が進み、菌類に関しても我々の直観に反する事実が次々と明らかになってきた。その中で最もインパクトが大きかったものを挙げるとすれば、菌類が進化的に

植物よりも動物に近いとわかってきたことだろう(3)。

つまり、植物の祖先と動物・菌類の祖先が先に枝分かれし、その後、菌類の祖先と動物の祖先が分かれたというのである。キノコなどの菌類が植物よりも動物に近いという研究結果はなかなか受け入れがたいかもしれないが、研究者の間ではほぼ合意に至っている。

また、菌類とは似ても似つかない単細胞のアメーバのような微生物が菌類の祖先だったのではないか、という研究結果も報告されている(4)。動物や植物と同様、菌類もその祖先をたどっていけば単細胞の微生物にまで行き着くというのだ。

このような菌類の祖先が、いつどこで何をしていたのかについてはまだ想像の域を出ないが、おそらく水中で生活していた微生物だったのではないかと考えられる。

ホイタッカーが論文を発表したのは1969年。つまり、菌類が植物と別のグループとして扱われるようになってから、まだたかだか半世紀しか経っていない。だが、この間にも、菌類について我々の常識を覆すような発見がこうして相次いでいる。

それは逆に言うと、この科学が発達した現代においても、菌類がいまだ謎の多い存在だということを意味している。近代菌学に裏打ちされた現代の菌類観は、最新の研究成果を取り入れることで再び大きく変化している最中なのである。

地球史における大転換点

さて、生物の教科書を見ると、菌類は生態系における「分解者」として紹介されている。分解者としての菌類や細菌は、文字通り、森の倒木や落ち葉、動物の排泄(はいせつ)物などを分解して必要な養分を取り出し、無機物へと変換することで、その結果として「無機塩類（ミネラル）」が土壌に放出される。

そして、この無機塩類を植物が根から吸い上げることで、生態系の物質が滞(とどこお)りなく循環する。

こう説明すると、何でもないことのように聞こえるかもしれないが、自然界に倒木や落葉・落枝を分解することができる菌類が登場したことは、地球史における大きな転換点だった。というのも、倒木や落葉・落枝は生物遺体の中でも分解するのが難しい部類に入るが、菌類は細い菌糸によって植物の固い細胞壁に穴を空け、様々な分解酵素を分泌することで上手に分解することができるからだ。

化石の研究によると、ペルム紀（約3億年〜2億5000万年前）にはすでに木材を分解する菌類が登場していたようである。[5] また、石炭紀（約3億6000万年〜3億年前）末に難分解性高分子であるリグニン（植物の細胞壁に含まれる複雑な構造の分子で、現在の技術でも完全に分解するのは難しい）を分解できる菌類が進化したことにより、有機炭素の貯蔵量が減少したとする説もある。[6]

つまり、リグニンを分解する能力を獲得した菌類が木材を分解してしまった結果、それ以降、地中の植物遺体に由来する石炭の形成量が減少してしまったのではないかというわけだ。もしそうだとすれば、分解者としての菌類が石炭紀を終焉へと導いたことになる。

ずいぶん壮大な仮説だが、難分解性の植物遺体を分解できる菌類の出現が、地球史のみならず、生物進化史にも大きなインパクトをもたらしたであろうことは想像に難くない。おそらく、このような分解者としての菌類が進化しなければ、現在見られる陸上生態系は存在しえなかっただろう。

我々が生きているこの世界は、分解者としての菌類や細菌などの微生物の働きによって形づくられ、支えられているとも言えるのだ。

菌類のもう一つの役割

いま分解者としての菌類について説明したが、菌類は植物や動物の遺体を分解しているだけではない。他の生物に寄生し、生きたまま、あるいは殺してから養分を得るような「寄生者」としての側面もよく知られているのではないだろうか。

一般に、菌類が養分を得る対象のことを「宿主（しゅくしゅ）」と呼ぶ。菌類がどのような生物を宿主としているのかを知ることは、その生き様を理解するための大きなヒントになる。なぜなら菌類は宿主となる他の生物、もう少し厳密に言えば他の生物由来の有機化合物がないと生きていけないからである。

ちなみに、このように他の生物由来の有機化合物に頼って生きている生物を「従属栄養生物」という。それに対して、植物のように光合成などで有機化合物をつくり出せる生物は「独立栄養生物」と呼ばれる。菌類は従属栄養生物だ。もちろん、人類も従属栄養生物である。菌類も我々と同じく、単独では生きられない生物なのである。

そして、この従属栄養生物としての菌類の生き様が端的に表れるのが、寄生者としての

写真1–6　菌類によって引き起こされる植物病害の一つ、カイヅカイブキの赤星病（提供：細将貴）

側面だろう。植物に病気を起こす植物病原菌はその代表である（写真1−6）。

これらの病原菌はときに農作物に対して猛威をふるい、大きな経済的損失を引き起こすこともある。[7] アメリカのクリに大打撃を与えたクリ胴枯病菌や、スリランカのコーヒーノキを壊滅させたコーヒーさび病菌、アイルランドを中心に飢饉を引き起こしたジャガイモ疫病菌（卵菌類）などが有名どころだろうか。植物の病気の約8割が、こうした菌類によって引き起こされている。

農地に限らず、森林生態系においても寄生者としての菌類は無視できない存在である。菌類は他の動植物に寄生して、その成長、時には生存までも左右し、生態系全体に影響を及ぼすこともあるからだ。

たとえば、ブナの葉を食べるブナアオシャチホコというガが大発生した翌年に、このガ

の蛹に寄生するサナギタケ（口絵参照）が大量に生じたという報告がある。(8)

サナギタケは虫に寄生してキノコを生じる菌類、いわゆる冬虫夏草の仲間である。この菌に寄生されたブナアオシャチホコの蛹は土の中で絶命し、その遺体から生えたサナギタケのキノコがブナ林内に林立する。蛹の感染率が90％を超えることもあるというから、サナギタケはまさにブナアオシャチホコの天敵と言える。

サナギタケの感染によってブナアオシャチホコの個体数が抑えられた結果、食い荒らされていたブナの葉はまた元の状態に回復した。もちろん、サナギタケはブナ林のことを考えてガの幼虫を殺したわけではなく、ただ自らの生を全うしたに過ぎない。

しかし、それが生態系全体からすれば、菌類が他の生物の数を調節し、生態系内のバランスを取っているかのように見えるというわけである。

植物との密接な関係

このように他の生物に寄生する菌類がいる一方で、他の生物と互いに利益を得つつ、ともに生きている菌類もたくさんいる。このような生物間の関係は「相利共生」と呼ばれている。
「共生者」としての菌類でよく話題に上るのが「菌根菌」である。菌根菌はその名の通り、植物の根と共生している菌類のことである。菌根菌の菌糸と植物の根が合わさった部分を「菌根」といい、ここで養分のやり取りなどが行われている。このような植物と菌根菌の共生関係を「菌根共生」と呼ぶ。

一般的な菌根共生では、菌根菌は土壌中から集めたリンや窒素を植物に渡し、植物は光合成で得た有機化合物を菌根菌に供給しているとされている。この共生によって、植物は土壌中からの無機塩類の吸収効率を高めることができ、菌根菌は有機化合物を安定的に得ることができるというわけだ。

陸上植物の約8割に何らかの菌根共生が見られることから[9]、陸上植物の生存や分布の拡大において菌根菌が果たしてきた役割は大きいと言える。最も知名度が高い菌根菌と言えばマツタケだろう。この高級な秋の味覚は、アカマツなどの根に「外生菌根」と呼ばれるタイプの菌根を形成する共生菌だ。

外生菌根の「外生」という名称は、菌糸が根とその細胞の表面を覆うという特徴に由来している（写真1−7、1−8）。樹木と菌根共生するキノコ類の多くがこのタイプの菌根を形成するが、他にも多くの陸上植物と共生する「アーバスキュラー（樹枝状という意味）菌根」や「ラン の根に形成される「ラン菌根」など、様々なタイプの菌根共生が知られている。まさに植物と菌類の関係は根深い。

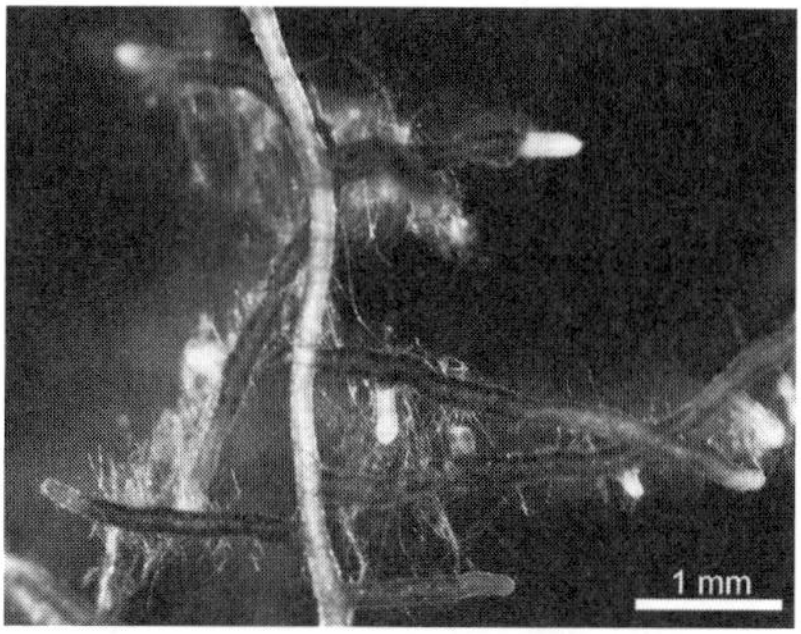

写真1–7　コナラの根に形成された外生菌根（暗色部分）。白い糸状のものは菌根菌の菌糸（提供：谷亀高広）

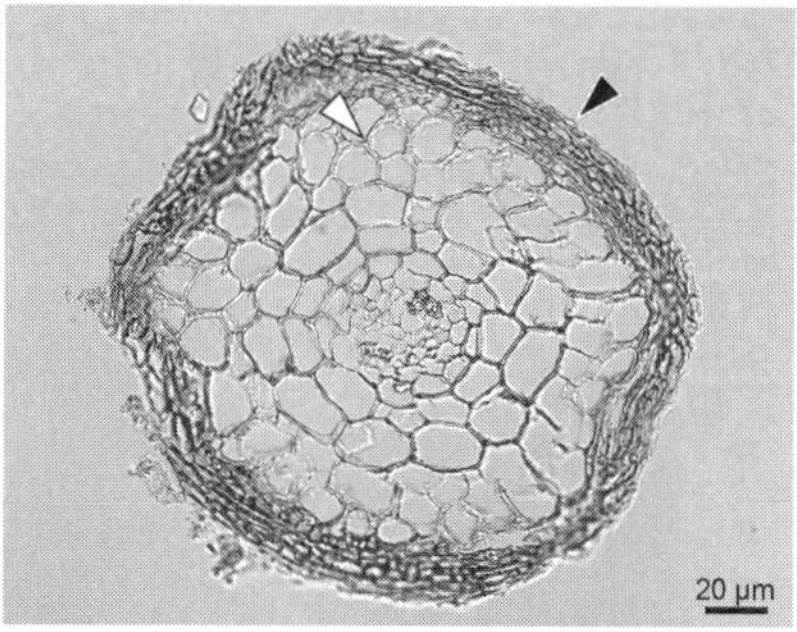

写真1–8　外生菌根の横断面。根の周りを覆う菌糸（黒矢印）と根の細胞間に入り込んだ菌糸（白矢印）（提供：谷亀高広）

なお、コケ植物である「苔類」（ゼニゴケの仲間）や「ツノゴケ類」の「葉状体」や「仮根」（根に似た器官）にも共生菌がいることがわかっている。コケ植物には根がないため、この共生関係を「菌根共生」と呼ぶことはできないが、代わりに「菌根様共生」という言葉が用いられている(10)。

宇宙でも生き続ける菌類？

「地衣類」も菌類と他の生物との相利共生を語る上で無視できない。よく墓石や樹皮に固着している地衣類は、一見コケ植物のように見えるが、じつは菌類と「緑藻類」（細胞内に緑色の葉緑体を持ち、光合成をする藻）、または「藍藻類」（藍色をした光合成細菌）が合わさった共生体である。

地衣化することで、菌類は藻類に住処を提供し、藻類は光合成によって得た有機化合物を菌類に供給していると言われる。なお、分類学上の取り決めによって、地衣類は植物ではなく、藻類でもなく、菌類の仲間として扱われている。

地衣類には「ウメノキゴケ」のように語尾にコケとつく和名が多く、よくコケ植物と混同される。しかし、地衣類は菌糸でできた体の中に単細胞の藻類が共生している、いわば複合生物であり、コケ植物とは縁遠いものである。

じつは生物学において「共生」という言葉が使われるきっかけになったのが、この地衣類であると言われている。19世紀にジーモン・シュヴェンデナー（1829〜1919）というスイスの植物学者が「地衣類は菌類と藻類の2種類の生物からなる生き物である」という説を発表するまで、地衣類はまさにコケの一種だと思われていた。

当時、この説はあまり受け入れられなかったそうだが、一部の学者は理解を示した。その結果、地衣類の研究が進むとともに、生物に見られる共生という関係が注目されることになったのである。

試しに地衣の体を薄く切って顕微鏡で見てみると、絡み合った菌糸の層の中に緑色をした緑藻の細胞を観察することができる（写真1−9）。もともと異なる生物であった菌類と藻類が合わさり、一つの生物であるかのように生活している様はとても不思議である。

ちょっと意識して家の周りを探してみると、庭木に張りついているウメノキゴケやコンクリート上のオレンジ色をしたダイダイゴケの仲間などを見つけることができる。街中で

写真1–9　ウメノキゴケの葉状体（左）とその縦断面（右）。共生藻の丸い細胞と共生菌の菌糸が見える（撮影：大村嘉人／提供：国立科学博物館）

も比較的簡単に観察できる地衣類は、意外と身近な菌類でもあるのだ。

菌類と藻類は地衣化することで、単独では生きられないような過酷な環境に進出することを可能とした。その地衣類のタフさを示す興味深い実験結果がある。ある地衣類が人工衛星に取りつけられた実験台の上で、10日間の宇宙空間への暴露に耐えて生還したというのだ[11]。さすがに極度の低温と真空状態、強力な宇宙放射線や紫外線にさらされている間は休眠していたものの、地球に戻ってからの実験によって、光合成に関する活性や胞子の発芽が確認されたというのだから驚かされる。

事実、地衣類は多くの陸上植物が生存不可能な極地のような環境にも多数分布し、そこでの重要な「一次生産者」（光合成などによって無機化合物から有機化合物を生産する生物）となっている。なお、地衣類の中には大気汚染に敏感に反応して出現頻度が減少する種類もいるため、都市部における環境指標生物として用いられることもある。

世界は菌類で満ちている

本章では、菌類のとらえどころない多様な生態について簡単に説明してきた。最後にそのような多様性がどのようにして生まれてきたかということにも触れておきたい。だが、その前に注意しておきたいのは、ここまで見てきたような菌類の分解（腐生）、寄生、共生という生き様は、それぞれ明確に線引きできるものではないということである。

進化的に見ても、菌類は分解、寄生、共生の間を行ったり来たりしているようである。しかも、菌類と相手の生物との関係性は、一緒にいないと生きていけないような強く依存し合ったものから、どちらかがいてもいなくてもさほど変わりがなさそうなものまで、程度も様々である。このような、一つの生き方に縛られない柔軟さ、とらえどころのない曖昧さも菌類らしさと言える。

とはいえ、菌類は何も特別な存在ではない。それどころか、非常にありふれた存在である。菌類は人間が普段住んでいるような場所のみならず、森林や草原、はたまた砂漠や湖川などありとあらゆるところで見ることができる。

地球上で菌類が確認されている範囲は成層圏から深海の水底まで及ぶのだから、むしろ菌類のいない場所を探すほうが難しいかもしれない。目に見えないほど小さな菌類ではあるが、じつは世界は菌類で満ちているのである。

地球上に存在する菌類の推定種数は60万種とも150万種とも言われ、さらにこれを大きく超えて1000万種とする推定値も出されている。[12] ちなみに、植物は30万～45万種、動物は200万～1100万種が存在するのではないかと言われている。[13] 生物界最大の種数と言えばよく昆虫が取り上げられるが、その推定種数は260万～780万種とされる。[14] つまり、菌類は昆虫に匹敵する多様性を誇る生物と言えるのである。

しかし、現在我々が把握し、名前をつけている菌類は約10万種にとどまっている。この数字は、たとえ菌類の全種数が60万種だったとしても、その2割にも達していない。仮に菌類が1000万種存在するとすれば、我々はその1％ほどしか知り得ていないことになる。比較的研究が進んでいるキノコでさえも、推定種数の6〜8割と大半が未知の状態にあると言われる[15]。菌類多様性のほとんどは未発見の状態なのである。

それに対して、現在記載されている昆虫の種数は100万種を超えると言われている。未知の種がどの程度存在するかという点においては、菌類のほうがはるかに広大なフロンティアが広がっているということになる。

生物進化と菌類の多様性

地球全体のような大きなスケールを取り上げなくとも、菌類の圧倒的な多様性に触れることはできる。たとえば、たった1枚の落葉から100種以上の菌類が検出されることは、特段珍しいことではない。ひとかけらの落葉さえあれば、菌類は菌糸を伸ばして養分を得、生長して胞子をつくることができる。このような、人から見れば非常に小さなスケールでも生活可能という特性が、ある限られた生態系内に多様な菌類が共存できる理由の一つなのだろう。

生きた植物でも、異なる種類の植物には異なる種類の菌類が住んでいる。いや、同じ植物上でも葉や根などの異なる部位には、また違った菌類が暮らしている。ある研究によれば、陸上植物1種あたり、平均すると6種の菌が生息している計算になるそうだ。[16] 一方、ヤシの木に生息する菌類の調査結果から、植物1種あたり26種から33種の菌が見出されたとする報告もある。[17]

こうした菌類の高い多様性は、長い年月をかけて様々な微細環境へと「適応」を繰り返してきた結果、つくり出されてきたものであろう。

生物学において、「適応」とは、ある環境で生存、生活するのに都合のよい形質を持っていることをいう。周知の通り、生物の進化は、何かの目的に合わせて積極的に体の形や機能などを変化させるというものではない。偶然に起こった遺伝的変異が少しでも生存に有利であれば生き残り、不利であれば自然選択によって淘汰されるだけで、残った生物を後から見た我々が進化したと呼んでいるに過ぎない。

菌類を含む陸上生物は約5億年前の上陸以降、現在見られる生態系の姿に至るまで、幾度もの多様化と絶滅を経験してきた。このような陸上生態系の歴史の中で、菌類は樹木や昆虫をはじめとする多種多様な生物を宿主とし、その時々の環境への適応を繰り返すことで多様化を遂げてきたと考えられる。

つまり、環境や宿主が違えば、そこにはまた異なる菌類が存在しているということである。この世界にはまだ誰も見たことがない菌類が多数潜在しており、専門家ですらその広大なフロンティアを見渡すことが困難なのだ。

菌類の多様性に関する研究は日進月歩であり、毎年1000種を超える新種が発表されている。[18] それでもなお、菌類の多様性の大半は未知の状態にある。また、たとえ既知の種であっても、その菌が何から養分を得てどのように生きているのかについてはわかっていないことが多い。

我々人間はすぐに何でも知った気になりがちだが、菌類の多様性については何も知らないと思っているくらいでちょうどよい。広大な菌類の世界のほとんどは前人未到であり、新たな発見に満ち溢れているのである。

第2章 菌類のしたたかな社会生活

一緒に上がれば怖くない

前章では、菌類の生態の基本と、その多様性について説明をした。だが、そもそもこれらの菌類の祖先は、どのようにして地球上に出現したのだろうか。

すでに述べたように、菌類の祖先も他の動植物と同様、水中で生活する単細胞生物だったのではないかと考えられている。菌類の中でも原始的なグループと考えられているツボカビ類は、「遊走子」（鞭毛を有し水中を泳ぐことができる細胞）を持っている。これは水中生活をしていたころの名残なのかもしれない。

一方、担子菌類や子嚢菌類、グロムス菌類、接合菌類といった大半の菌類は、陸上で多様化したと考えられている。とすれば、長い生物進化史の中で、菌類も水中から陸上へと進出する過程があったはずだ。どのようにして、菌類は上陸を果たしたのだろうか？

化石や遺伝子を調べる研究により、菌類の上陸イベントについても少しずつ説明がなされるようになってきた。主な二つの仮説を紹介しよう。

一つ目は、菌類は植物と一緒に上陸したのではないか、という仮説だ。現在見られるような陸上生態系が影も形もなかった数億年の昔、一部の微生物を除き、陸地で生活する動植物はまだ存在していなかった。当時の陸地は、岩石と、それが削られてできた砂や粘土などからなる、養分や水分を保持することもままならない瘦せた土地であったと考えられている。

最初の植物が、このような過酷な環境に進出した時は、大変な困難を伴ったことだろう。まだ陸上生活に十分適応していなかった植物の祖先は、一体どのようにして上陸を果たしたのだろうか。その答えに菌類が密接に関わっているというのだ。

第1章で述べたように、植物の根に共生する菌類を菌根菌と呼ぶ。古い時代の菌根菌の証拠としては、4億年前のデボン紀（約4億1920万年〜3億5890万年前）の植物から見つかったアーバスキュラー菌根の化石が報告されている[1]。

アーバスキュラー菌根とは、グロムス菌類と呼ばれる菌類によって形成される菌根のことで、いま陸上にいる植物の根に最も普遍的に見られる菌根共生の形である（写真2-1）。

グロムス菌類も他の菌根菌と同じように、土壌中に菌糸を張り巡らせ、リンなどの無機塩類を収集して共生相手の植物に供給し、その見返りとして光合成によってつくられた有機化合物を受け取って生活している。

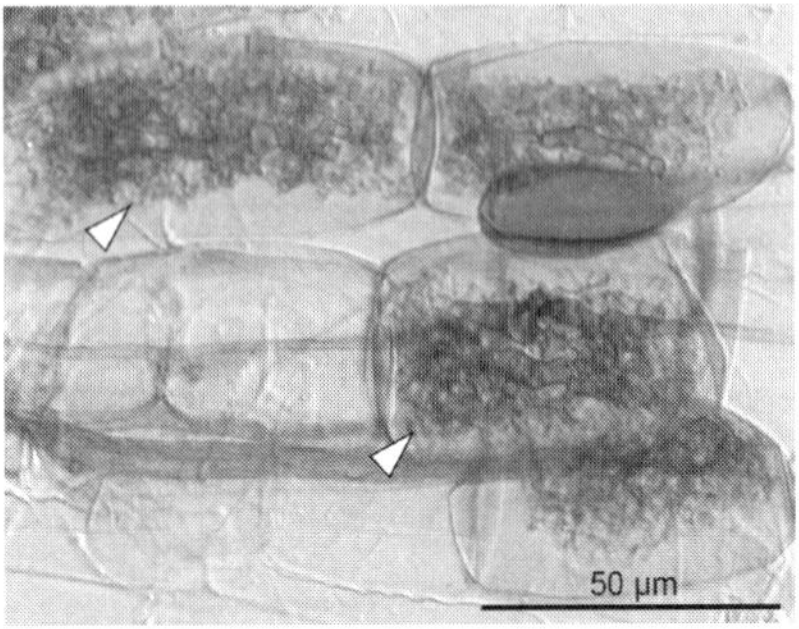

写真2–1　イネ科草本植物の根に形成されたアーバスキュラー菌根。根の細胞内にグロムス菌類の菌糸からなる樹枝状体（白矢印）が入っている（提供：大和政秀）

陸上植物の祖先は根が十分に発達していなかったため、土壌中から水分や無機塩類を吸い上げる能力は現在の植物に比べて格段に低かったと考えられる。菌根菌は、このような陸上植物の祖先が陸地で水分や無機塩類を得る手助けをしただろうし、菌自身も植物の体内に入ることで光合成産物の供給や紫外線からの保護などの利益を得ることができたはずだ。

グロムス菌類の化石には、デボン紀よりもさらに古い4億6000万年前のオルドビス紀（約4億8540万年～4億4340万年前）の地層から発掘されたものもある。[2] この化石では共生相手となる植物が確認されていないため、この時代のグロムス菌類が菌根共生をしていたのかどうかは、はっきりしない。

しかし、オルドビス紀のグロムス菌類が陸上植物の共通祖先と菌根共生していたとすれば、当時の過酷な陸上に植物が進出していく上で重要な役割を担っていたはずである。

この仮説が正しいとすれば、グロムス菌類の祖先によって植物の上陸がサポートされ、我々の住む陸上生態系へとつながる重要な一歩が踏み出されたということになる。

6億年前という可能性

もう一つの菌類の陸上進出の筋書きは、オルドビス紀よりもさらに昔、6億年前の先カンブリア時代（地球誕生〜約5億4100万年前）までさかのぼる。ただし、こちらの仮説では植物ではなく、単細胞の藻類を共生相手としている。この根拠となっているのが、菌類と藻類の共生体と考えられている化石だ[3]。

この化石を調べた研究によると、どうやらこの共生菌は先ほどのグロムス菌類と近縁であり、共生藻は藍藻または緑藻に近いらしい。つまり、グロムス菌類と藻類の共生体である地衣類が先カンブリア時代にすでに上陸していたのではないか、というのである。

現生の地衣類にも、太陽が照りつける岩肌などの水分の乏しい環境に定着しているものがいることから、菌類と藻類が地衣化することで過酷な陸上進出を達成したというシナリオもそれなりにうなずける。たしかに、岩に張りついて匍匐生長する地衣類の姿を見ていると、厳しい環境に進出した先駆者、という感じがしてくる。

ただ、この6億年前の地衣類とされる化石の顕微鏡写真を見る限り、これが菌類と藻類の共生体だとする主張を受け入れるには、かなり想像力を働かせなくてはならない。この共生体を構成している菌糸や藻細胞の形や配置が、現生の地衣類とは似ても似つかないのである。とはいえ、6億年前という植物の上陸よりもはるか昔に地衣類が陸に上がっていた、という仮説はとても興味深い。

しかし、いずれの仮説を採るにせよ、従属栄養生物である菌類が植物や藻類などの独立栄養生物とともに上陸した、という点に関しては一致している。

我々の生きる陸上生態系へと至る初めの一歩は、菌根共生した植物と菌類が踏み出したのか。はたまた、地衣化した菌類と藻類が初めて陸地に這い上がった生物だったのだろうか。

菌類が土壌をつくった？

菌類が生物進化史上、初めて陸に上がった多細胞生物の一つだった可能性について述べたが、これらはるか昔に上陸した地衣類や菌根菌の祖先は、陸上生態系の基盤となる土壌の形成にも一役買ったのではないかと言われている。

前述したように、生物が上陸した当時の陸地は、岩石と、砂や粘土しかないような痩せた大地だったと考えられている。そこに養分と水分を保持できる土壌が形成されるには、生物の遺体が分解されて溜まり、砂や粘土と交じり合う、長い時間の経過が必要だ。

もちろん、最初は大型の生物もいなかっただろうし、砂や粘土も十分なかったのではないかと考えられる。このうち砂や粘土は、岩石が風化することによってつくられる。風化とは、岩石が太陽光や風雨などにさらされることで変質し、破壊されていく作用のことである。乾燥や凍結などによる「物理的風化」と、酸化や加水分解などによる「化学的風化」に細分化されるが、どちらの風化も生物の活動が加わることでより早く進むと考えられている。

こうした岩石の風化に、地衣類や菌根菌が多分に関わっているのではないかというのである。まず岩に付着している地衣類は、その生長によって岩石の表面を物理的に削るとともに、有機酸によって化学的にも風化を促進すると言われている[4]。

地衣類の生長は年間数ミリメートルと非常に遅いため、我々がその風化への影響を知覚することは難しい。しかし、この菌類と藻類の共生体が、地道だが着実に岩石の風化を促進しているのは間違いないだろう。

菌根菌も、土の中に張り巡らせた菌糸を使って鉱物に「坑道」を掘る[5]。森林の土壌中から鉱物を掘り出して顕微鏡で見てみると、直径3〜10マイクロメートルほどの細い穴がたくさん空いていることがわかる。この坑道は、菌糸の生長による物理的な作用と、その先端から分泌される有機酸の化学的な作用によって掘られたものだ。

菌根菌の菌糸は坑道を掘り進むことで、鉱物から溶けだした無機塩類を吸収している[6]。そして、そこで得た無機塩類を共生相手の植物に供給している。菌類によって掘られた坑道の長さを調べたところ、1年間に土壌1リットルあたり150メートルもの坑道が形成されていることがわかった[7]。菌類による掘削作業は想像以上に盛況なようである。

直径数マイクロメートルの菌糸は細く弱々しいが、菌類はその菌糸を使って堅い岩石に穴を空けてしまう。菌糸の生長による風化の促進は、我々の時間スケールで見るとほんの微々たるものかもしれない。しかし、数千万年あるいは数億年という地史的スケールで見ると、無視できないほど大きな作用となるだろう。

髪の毛よりも細い菌糸が岩を砕き、多種多様な植物や動物が生きる基盤となる土壌がつくられてきたと考えると、大変感慨深い気持ちになる。

地上を捨てたキノコ

ところで、様々な陸上植物と共生するアーバスキュラー菌根以外の菌根としては、第1章で述べたように樹木と共生する外生菌根がよく知られている。外生菌根菌の仲間では、マツタケに代表されるように、地下で植物の根と共生しつつ地上にキノコを生やすものが主流だ。しかし、外生菌根菌の中には、進化の過程でキノコごと地下に潜る生き方を選んだものもいる。

彼らは日の光と決別し、暗い地下で実を結ぶアンダーグラウンドな生き方を選んだ。このような地下に潜ったキノコのことを「地下生菌」と呼ぶ。有名なところでは、高級食材のトリュフやショウロなどが地下生菌である。

一般的に地上につくられるキノコは、上へ上へと立ち上がり、高い位置から胞子を風に乗せて分散するための構造だと考えられている。菌類が胞子を風に乗せて様々な場所に散布する上で、地上に立ち上がったキノコはたしかに都合がよさそうである。では、なぜ地下生菌は土の中にキノコをつくる必要があったのだろうか？

最近の研究によって、地下生菌の祖先もいわゆる普通の地上生のキノコであったことがわかってきた。たとえば、分子系統解析の結果、フウセンタケ属（アブラシメジの仲間など）に近縁なキノコ類では、地上生のキノコから地下生菌への進化が起こったと推定されている[8]。このような地上生から地下生への進化は、キノコの様々な系統で繰り返し起こったようだ。

その理由としては、極端な乾燥や凍結が起こる環境に適応した結果、湿度や温度がより安定している地下でキノコをつくるようになった、という仮説が出されている[9]。しかし、地下に潜ってしまったら、地上に胞子が撒けないではないかという疑問が湧いてくる。

ちなみに、地上生キノコと地下生キノコの中間的な形態を持つ種も見つかっている。これらの中間的なキノコは、普通のキノコのように柄があって立ち上がるがカサが開かず、その内部で胞子が成熟する。これらの中間型は地上生のキノコが地下に潜る途中の形態であるとの見方もあるが、まだ定かではない。

　ニュージーランドにはこの中間型が多数分布しており、中には果実や花かと見まがうほど色鮮やかな子実体を持つ美しいキノコも見られる。これらのキノコについては、果実と間違えて子実体をつつきにくる鳥が胞子分散に関与していると言われているが、果たしてどうなのだろうか（写真2–2）。

写真2–2　鳥につつかれたコルティナリウス・ポルフィロイデウスの子実体

　一方、一般的な地下生菌の場合は、ネズミなどの動物に掘り返されたり食べられたりすることで胞子を散布しているのではないかと考えられている[9]。地下のキノコを掘り返して食べた動物は、移動した先で胞子が含まれた糞をする。こうして、地下につくられたキノコの胞子が、養分豊富な糞とともに地上に撒かれるというわけである。

また、地下生菌には独特なにおいを発する種類があり、これによって動物たちを引き寄せているのではないかとも言われている。地下につくったキノコを動物に掘り当てさせるには、においという刺激はなかなか有効な手段のように思える。

このにおいを犬や豚などの動物にたどらせることで、我々人類も効率的にトリュフを見つけることができる。においを使って動物をおびき寄せるという地下生菌の戦略は、十分機能していると言えそうだ。

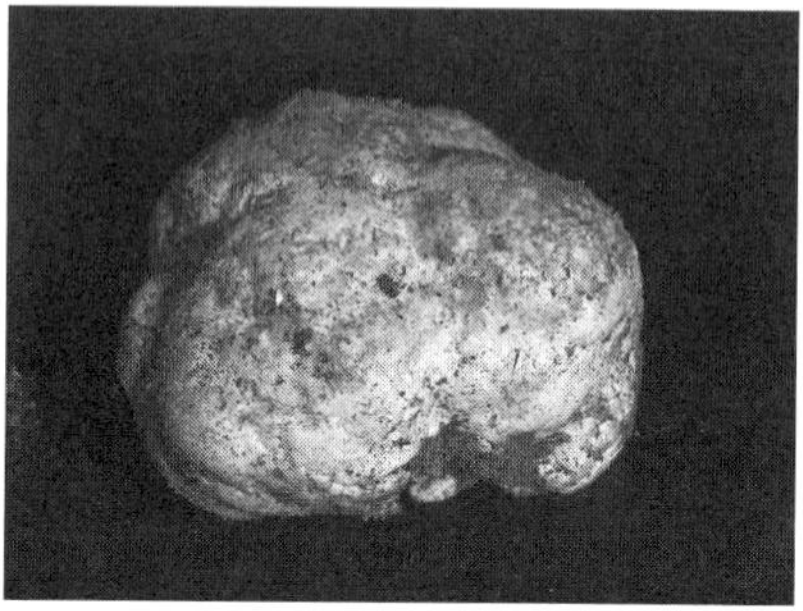
写真2–3　マッティロロマイセスの子実体（撮影：保坂健太郎／提供：国立科学博物館）

なお、このようにユニークな地下生菌であるが、中でも特に奇妙なのが、キノコのくせに甘い味のするマッティロロマイセス・テルフェジオイデスだ（写真2–3）。その甘さは人工甘味料のサッカリンにも匹敵すると言われており、ハンガリーではアイスクリームやケーキなどのスイーツの素材として使用されているという。この地下生菌も樹木と共生する菌根菌であり、ヨーロッパでは森林の土壌中から見つかるそうだ。じつはこのキノコ、日本からも発見例がある。しかし、森林からではなく、なぜかアスパラガス畑の土の中から見つかっている。その理由はまだ明らかになっていないが、何か特別な条件があるのだろうか。

幸運なことに、筆者はこのマッティロロマイセスの子実体を味わう機会を得たことがある。子実体の小片を舌に乗せると、たしかに甘い。ただ、砂糖のようにさらっと溶けていく甘さではなく、舌にまとわりつくような若干しつこい甘さであった。おいしいというよりは、ただ甘い。おそらく、マッティロロマイセスの甘さは糖からくるものではなく、ペプチドなど何か他の化学成分に由来しているのではないだろうか。

菌類の地下生活者たちには、まだたくさんの謎が秘められていそうである。

植物とのシビアな関係

ここまで見てきたような菌類と植物、藻類の共生は、一般的に持ちつ持たれつの関係であるとされている。たとえば、陸上生態系における最も普遍的な菌根タイプであるアーバスキュラー菌根では、グロムス菌類が土壌中のリンなどの無機塩類を集めて植物に供給し、植物は光合成で得た有機化合物を菌に与えているとすでに述べた。

しかし、果たしてこのような互いに利益が得られる、ある意味で理想的な関係は常に維持されているものなのだろうか？　もし、互いに相手とフェアな取引を成立させているのならば、そこに至るまでにどのようなメカニズムが働いているというのだろうか？

植物と菌根菌を用いた最近の研究によって、こうした関係の裏に我々人間の社会にあるような市場原理が存在するのではないかと言われるようになってきた。その一つが、植物と菌根菌がいかにして協力関係を構築し、維持しているかを調べた研究である[10]。

この研究では、タルウマゴヤシというマメ科の草と、植物への「協力度」が異なる3種のグロムス菌類とを様々な組み合わせで共生させ、養分のやり取りがどのように変化するかが観察された。

結果、タルウマゴヤシは、より協力的な菌に対し、その見返りとしてより多くの有機化合物を渡していることがわかった。逆に、協力的でない2種に対しては、より少ない養分を与えていた。

また、この研究ではタルウマゴヤシの根に様々な濃度のショ糖を与えることで、植物が菌に供給する有機化合物量を変化させ、これに対して菌がどう反応するかについても調べた。

すると菌は、より多くの有機化合物を供給してくれた根に対して、より多くのリンを渡していることがわかった。すなわち、菌もたくさん養分を供給してくれる植物にはそれに見合った見返りを与えていたのである。

さらに、1個体の植物に3種のグロムス菌類を同時に共生させる実験を行ったところ、最も協力的な菌の存在下では、これよりも協力的でない2種の感染頻度が低下することがわかった。これは、植物が協力的な菌へより多くの養分を供給したために、協力的でない菌が他の菌との競争において不利になった結果であると考えられる。

そこで、協力的でない菌がどのような状態にあるのか詳しく調べてみると、収集したリンの大部分を植物が利用できない状態で菌糸の細胞内に貯蔵していることがわかった。まるで菌が「出し渋り」をしているかのようである。

これらの研究結果から、菌根共生において、よりよいレートを示した相手がより多くの見返りを受けとる、というシンプルな市場原理が存在している可能性が示唆された。

　この原理に忠実であれば、搾取（さくしゅ）しようとする取引相手は、それ相応の報いを受けることになる。つまり、支払いを少なめにしてより多くの純益を得ようとする不正はしづらい。菌根共生における安定的な協力関係は、双方が相手に十分な報酬を与えた場合にのみ成立しているのだろう。

　この植物と菌根菌の養分のやり取りに関する研究は、人類以外の生物において、市場経済の下で協力関係がどのように構築・維持されているのかを示した興味深い例でもある。この実験では、植物と菌類の市場でやり取りされる「商品」は有機化合物（光合成産物）とリンであった。

　しかし、実際の自然界に見られる菌根共生では、これらの養分だけではなく水分や窒素、ストレス耐性の付与など、様々な「商品」が扱われている。これらが植物と菌根菌の間でどのように取引されているのかについては、今後の研究によって明らかにされていくだろう。

　共生と聞けば異なる生物が仲よく生きているように思われがちであるが、これを「植物と菌類の助け合い」みたいな美談で終わらせていては、観察された現象の裏にあるメカニズムは決して見えてこない。

この研究例を見る限り、菌類も植物も得られる利益をきっちり計算した上で共生相手を選んでいるように見える。菌類と他の生物との仲睦まじく見える関係も、厳しい生存環境を生き抜くための打算的な過程を経て構築されているのだろう。

菌類任せになった植物

こうした植物と菌根菌の関係はシビアではあるが、ある意味で公平なものと言えるかもしれない。だが、進化という長い道のりの過程で、そうした道理が通じない輩も案の定登場している。

それが菌類を食べる植物、「菌従属栄養植物」である。

菌従属栄養植物は、しばしば「腐生植物」とも呼ばれる。しかし、「腐生」とは、動植物などの遺体を分解して生きている様を指す言葉なので、「菌類を食べる」という性質を表すには不適切だ。そのため本書では、少々堅苦しい表現ではあるが、生物学的に正しい名称である「菌従属栄養植物」という言葉を使いたい。

繰り返しになるが、通常の菌根菌は土壌中から吸収した無機塩類を植物に供給し、その対価として植物から有機化合物を得ているとされている。しかし、菌従属栄養植物は、根に住まわせている菌根菌から一方的に養分を搾取する（写真2–4）。それも、窒素やリンなどの無機塩類のみならず、本来の菌根共生では植物から菌に与えていたはずの有機化合物まで容赦なく奪い取ってしまう。

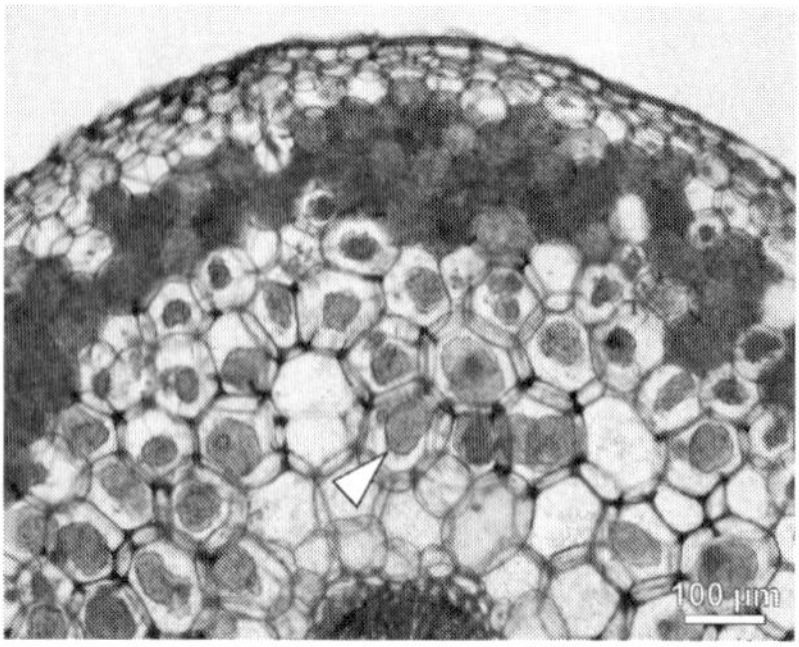

写真2–4　菌従属栄養植物ヒメノヤガラの根茎の横断面。根茎の細胞内にコイル状の菌糸（白矢印）が見える（提供：谷亀高広）

この搾取がエスカレートし、生存に必要な養分の大部分を菌類に頼るようになった結果、ついに光合成をやめてしまった植物まで出現した。光合成をやめてしまうなど、植物としての存在意義はいかがなものかと問い質（ただ）したくなるが、実際、これらの光合成をやめた植物は根や葉があまり発達せず、体も緑色でなくなるなど、植物らしさの大部分を失っているように見える（写真2–5）。

緑色の植物を見慣れている人にとっては、光合成をしない白や茶色の植物は極めてまれな存在に感じられるかもしれない。しかし、このような菌従属栄養植物はコケ植物から種子植物までの幅広い分類群に880種以上存在し[11]、日本にも約70種が分布しているというから[12]、じつは思いのほか普通にいる植物なのである。ツツジ科やラン科などの身近な植物にも、菌類を食べている菌従属栄養植物が多数含まれている。

写真2–5　光合成をやめた植物タシロラン（提供：谷亀高広）

光合成をして自活していた植物から、生活の糧（かて）を菌類に頼る植物への進化はあまりにドラスティックなので、そう簡単には起こらないように思える。いったいどのような過程を経てそうなったのだろうか？
独立栄養植物と菌従属栄養植物の両方の種が所属するシュンラン属を対象とした研究の成果が、この疑問への答えの一つになりそうだ。この研究

図2-1　シュンラン属における栄養摂取様式の進化

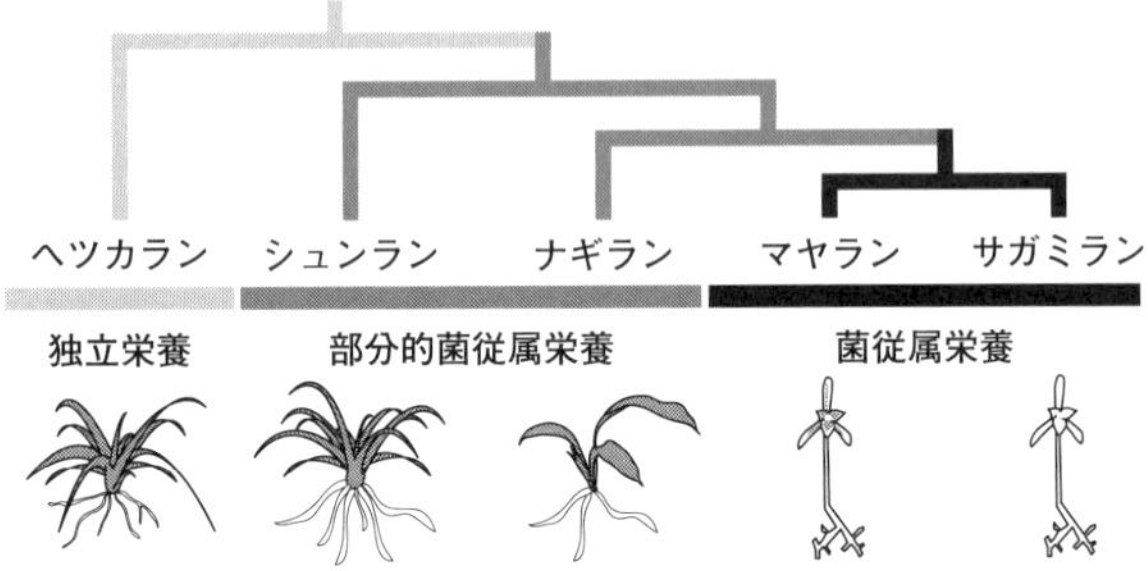

※Ogura-Tsujita et al. (2012)を改変

によれば、光合成をしていた独立栄養植物からいきなり菌類を食べる菌従属栄養植物が生じたわけではなく、進化の過程で段階的に菌類への依存度を高めていったようである[13]。

まず、最初の段階では、光合成をしている独立栄養植物から、有機化合物の一部を共生菌に頼る植物が進化したと考えられている。このような植物は「部分的菌従属栄養植物」と呼ばれ、消費する有機化合物の一部を菌類に頼ってはいるが、まだ自前の葉で光合成をすることができる。

そこから、さらに菌類への依存度を高めて生存に必要な全有機化合物を頼るに至り、ついには光合成をやめるものが出現したと考えられている。すなわち、独立栄養植物から、独立栄養+菌従属栄養の段階を経て、完全な菌従属栄養植物へと至った、というわけだ（図2-1）。

菌類に栄養を依存してしまった菌従属栄養植物だが、果たして光合成をやめるリスク以上のメリットは得られているのだろうか？

これに対する説明としては、菌従属栄養植物は菌類に養分を頼ることで、光合成ができない暗い林床（森林の地表面）への進出を可能としたのではないか、という仮説がある。[14]また別の視点から、植物は土壌中の菌類に養分を依存することで、地上に葉を展開して動物に食べられる危険を避け、安全な地下で長期間過ごせるようになったのではないか、という考えもある。[15]

光合成という植物のアイデンティティーを捨ててまで菌類に依存する道を選んだ菌従属栄養植物。その進化の道筋には、まだまだ我々の知らないストーリーが隠されているのだろう。改めて考えてみても、植物が光合成をやめてしまうなんてずいぶんと思い切ったことをしたものである。

光合成をせず菌類から養分を搾取する生き方は、一見楽をしながら生きていく道を選んでいるように見えるかもしれない。しかし、完全な菌従属栄養に至るまでには、独立栄養生物として築きあげてきた生存戦略を大幅に変更するリスクも伴ったはずである。菌類もすごいが、植物もやっぱりすごいと言わざるを得ない。

菌根のインターネット

菌類と植物との菌根共生について見てきたが、栄養のやり取り以外にも無視できない不思議な関係があることが近年の研究でわかってきた。

野外において、菌根菌は複数の植物個体と地下の菌糸でつながっている。この「菌根ネットワーク」を介して、植物間で情報のやり取りが行われているというのだ。離れた植物同士が揮発性の化学物質を使ってコミュニケーションしていることは、それなりに知られているが、菌根菌を介した植物間の情報伝達については、まだあまり知られていないだろう。

植物は、昆虫などから食害を受けた時、その刺激に反応して揮発性物質を生産し、害虫を遠ざけたり、その捕食者を誘引して排除させたりする。この防御反応が、菌根菌を介した情報伝達により、食害を受けていない他の個体にも誘導されるという興味深い現象が起こっているというのだ。

このことを明らかにした研究の一つが、ソラマメとグロムス菌類の一種リゾファグスを用いた実験である[16]。この実験では、アブラムシの食害を受けている個体（以下ドナーと呼ぶ）、ドナーと根および菌根菌でつながっている個体、ドナーと菌根菌のみでつながっている個体、根も菌糸もつながっていない個体が用意された。

そして、ドナーと様々な条件で接している、あるいは接していない個体が、ドナーが食害を受けた後にどのような反応をするか観察した。ちなみに、これらの個体は周りをポリエステルの袋で覆うことで、揮発性物質による情報伝達ができない状態にしている。

結果、食害を受けたドナーはもちろん、ドナーと根および菌根菌でつながっている個体でも、アブラムシの忌避（きひ）とその捕食者であるハチの誘因が観察された。さらに、根はつながっておらず菌根菌のみでつながっている個体においても同様の反応が見られた。逆に、根も菌根菌もつながっていない個体では、顕著な反応は観察されなかった。

この実験により、ソラマメはドナーと菌根菌でつながっていれば、直接食害を受けていない個体でも防御反応が誘導されることがわかった。つまり、アブラムシによる食害の情報が、地下の菌根ネットワークを介してドナーから他の個体に伝わっていることが確認されたのである。

このような菌根ネットワークを介した情報伝達については、トマトの苗をガの幼虫に食べさせる実験でも同様の傾向が観察されている[17]。菌根菌を介した食害情報の共有は、意外と普遍的に見られる現象なのかもしれない。

ところで、このような防御反応は昆虫以外の生物、たとえば植物病原菌の感染によっても誘導されるのだろうか？　答えはイエスである。グロムス菌類の一種フンネリフォルミスを共生させたトマトに病原菌アルタナリアを感染させる実験によって、そのことが確かめられている[18]。

どうやら菌根ネットワークを介して、植物間で食害・感染情報が共有されていることについては、疑いの余地はなさそうだ。ただし、一体どのようなシグナルが菌糸を通して他の個体に伝わっているかについてはまだよくわかっていない。

シグナルの候補は二つ挙げられている。一つ目の候補は菌糸内外を伝わる何らかの化学物質だ[19]。植物が揮発性物質によって情報伝達を行っていることからも、ありそうな話である。興味深いのは、二つ目の候補として挙げられている電気刺激である。電気刺激の場合は、化学物質よりも伝達速度が速いため、より早期の情報共有が可能となる[19]。まさに人類が開発したインターネットさながらのシステムが、地下の菌糸によって張り巡らされているというわけだ。

もしかすると、そのコミュニケーションの内容も、食害や感染への警戒情報にとどまらず、我々の想像以上に多岐にわたっているのかもしれない。

菌根菌にして菌根菌にあらず

ここまで菌類と植物、藻類との共生について見てきたが、その最後にとびきりの変わり者を紹介しよう。菌根菌の系統であるにもかかわらず、植物の根ではなく藍藻と共生している菌類がいるのだ。

それは研究者の間で珍菌中の珍菌とされるゲオシフォンである。ゲオシフォンという学名は「地の水管」という意味で、その名の通り菌類にしてはかなり珍妙な姿形をしている。

この菌は、湿った土壌の表面に高さ1ミリメートルほどの長細い嚢状体(のうじょう)(袋状の構造体)

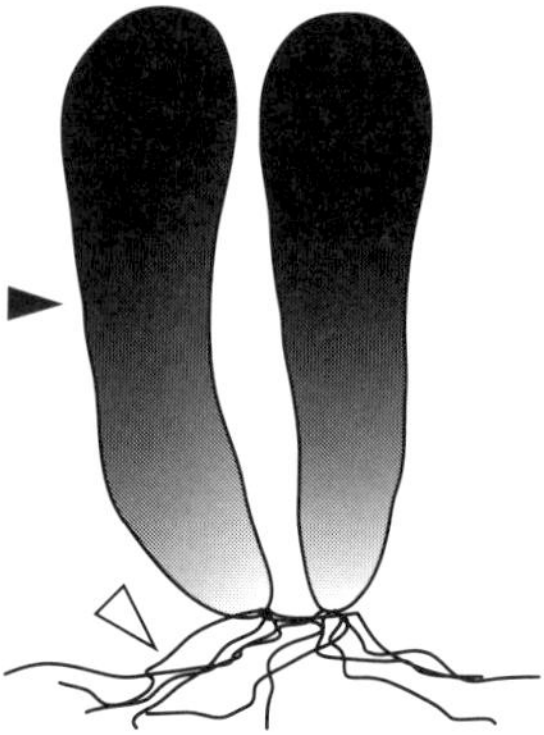

図2–2　ゲオシフォンの嚢状体（黒矢印）と菌糸（白矢印）

が複数立ち並んだ状態で発生する。一つひとつの嚢状体はつやつやとした黒っぽい色をしており、その基部からは土の中へと細い菌糸が伸びている（図2-2）。外観を見ただけでは菌類のどのグループに属するのか、詳しい人でもすぐには想像がつかないし、そもそも菌類なのかどうかも疑ってしまうレベルで変な形をしている。

この妙な外観もさることながら、それ以上にゲオシフォンを珍奇にしているのが嚢状体の中身である。この菌糸の先端が膨らんでできた構造の中には、ネンジュモと呼ばれる藍藻が共生しているのである。

菌類と藻類の共生体と言えば地衣類であるが、このゲオシフォンとネンジュモの共生関係は一般的な地衣類のそれとは大きく異なっている。一般的な地衣共生では、地衣体を構成する菌糸と藻類は直接接触してはいるが、菌糸の細胞内に藻類が入ることはまずない。ところが、ゲオシフォンの場合は、菌の細胞の中に生きて増殖も可能なネンジュモを取り込んでしまっている。

これは、菌類で唯一知られている藍藻による細胞「内」共生の例である。取り込まれたネンジュモは他の藍藻類と同じように光合成することができ、そればかりか空気中からの窒素固定も可能だという[20]。

菌の細胞内に藍藻が共生しているという他に類を見ない特徴から、ゲオシフォンの分類学的取扱いについては紆余曲折があった。ゲオシフォンが初めて記載された時、当時の研究者はこれを藻類の一種だと考えていた。

しかし、その後、細胞内にネンジュモが共生していることが発見され、菌糸によってこの共生藻が取り込まれる過程が観察されたことで、ゲオシフォンは菌と藻の共生体、つまり地衣類の一種であると考えられるようになった。

ところが、ゲオシフォンが形成する胞子を詳細に観察した結果、その特徴が菌根菌であるグロムス菌類に類似していることがわかってきたのである。分子系統解析の結果もこの見方を支持し、現在ではゲオシフォンはグロムス菌門の所属となっている[21]。

ゲオシフォンとネンジュモの共生関係には、グロムス菌類と植物根との関係に類似する点も見出されている。とすると、この不思議なグロムス菌類であるゲオシフォンの研究を進めることで、アーバスキュラー菌根の進化に関する重要なヒントが得られるかもしれない。

なかなかこうしたゲオシフォンの異常性、重要性は、菌類研究者以外に伝わりづらいかもしれないが、さらにダメ押し的な情報がある。じつはこの菌、これまでドイツとオーストリアの限られた地域からしか見つかっていない、世界的に見てもまれな珍菌中の珍菌なのである。

ゲオシフォンは本当にこれらの限られた地域にしか分布していないのか？　じつは他の場所にもいるが単に見つかっていないだけなのか？　その分布の真相についてはまだわかっていない。

菌類の中でもひときわ異彩を放っているゲオシフォンは、世界中の菌類研究者にとってあこがれの的だ。筆者も機会があれば現地に赴き、一度はこの目で実物を見てみたいものである。

昆虫もやっぱりすごかった

菌類は植物や藻類の他にも、哺乳類から昆虫、細菌などの微生物に至るまで、様々な生物と共生関係を結んでいる。共生相手の多様性からも想像できるように、共生者としての菌類の生き様もじつに様々である。

たとえば、通常、キノコやカビなどの菌類の多くは、胞子を風に乗せて飛散させる。しかし、これでは放出された胞子は事前に目的地を決めることができず、その行先は風任せになる。

宿主を選り好みしないのであれば、このような行き当たりばったりの戦略でも十分かもしれない。しかし、特定の宿主がいなければ生きていけないような菌類はそれでは困る。風に乗ってたどり着いた先に宿主がいなければ、そこで死んでしまうからである。解決法の一つは、他の生物によって特定の宿主まで運んでもらうというものだろう。

その運び屋の一つが、キクイムシと呼ばれる昆虫である。キクイムシは、樹皮の下や材の中に坑道を掘って生活をしている、体長数ミリほどの甲虫だ。

この小さな虫たちは、一体どのようにして菌を運んでいるのだろうか。パッと考えつくのは、体の表面に胞子を付着させて運ぶ方法かもしれない。

じつは、キクイムシの仲間には菌を入れるための特別な「袋」を持っているものがいる。この袋とは、キクイムシの体にある「マイカンギア（菌嚢）」と呼ばれる特別な器官だ。マイカンギアを持つキクイムシはこの袋の中に特定の菌を入れて運び、樹木の材中に掘った坑道に接種して、そこで菌を育てているのである。

こうして栽培された菌はキクイムシ幼虫の大事な餌となる。たとえば、クスノオオキクイムシの幼虫はアンブロシエラという特定の菌を摂食しないとうまく育てず、マイカンギア内の環境もアンブロシエラの増殖に適した条件となっていることがわかっている[22]（写真2−6、2−7、2−8）。

このように菌を養って餌としているキクイムシのことを養菌性キクイムシという。養菌性キクイムシに運ばれて食料とされている菌はアンブロシア菌と呼ばれており、この名前はギリシャ神話に登場する神々の食物に由来する。

養菌性キクイムシによって運ばれるのは、幼虫の餌となる菌だけではない。養菌性キクイムシの一種であるカシノナガキクイムシは、自分たちの食料にするための菌のみなら

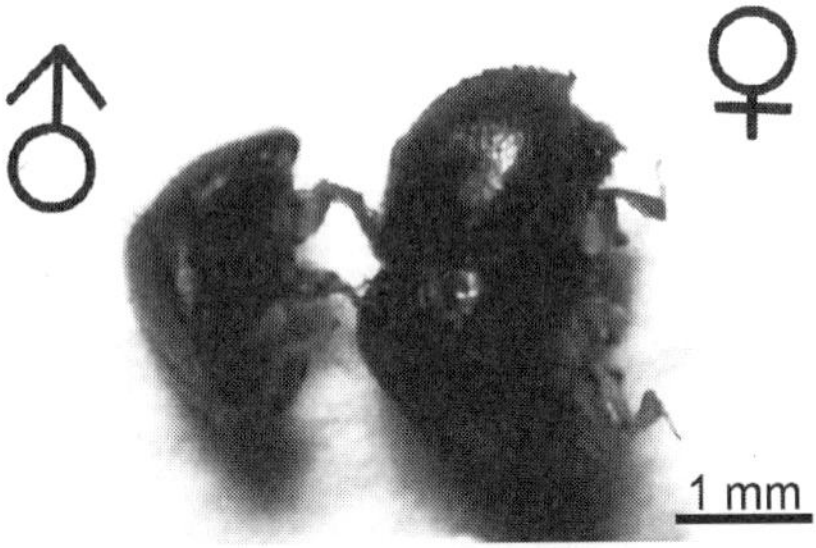

写真2–6　クスノオオキクイムシの成虫（提供：梶村恒）

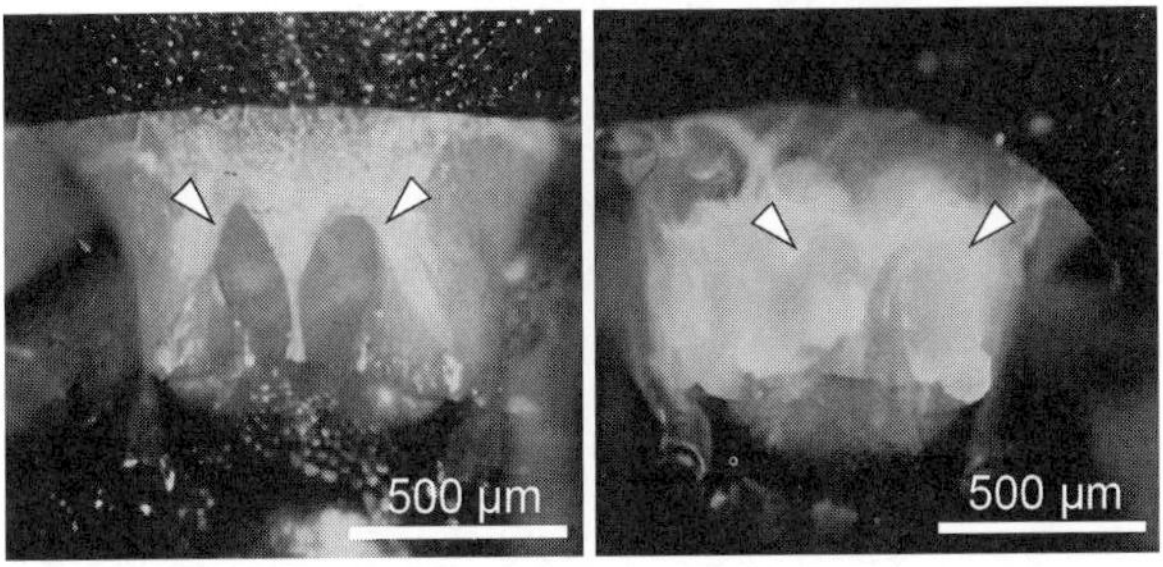

写真2–7　クスノオオキクイムシのマイカンギア（白矢印）。越冬期（左）は菌が見られないが、飛翔期（右）は菌で満たされている（提供：梶村恒）

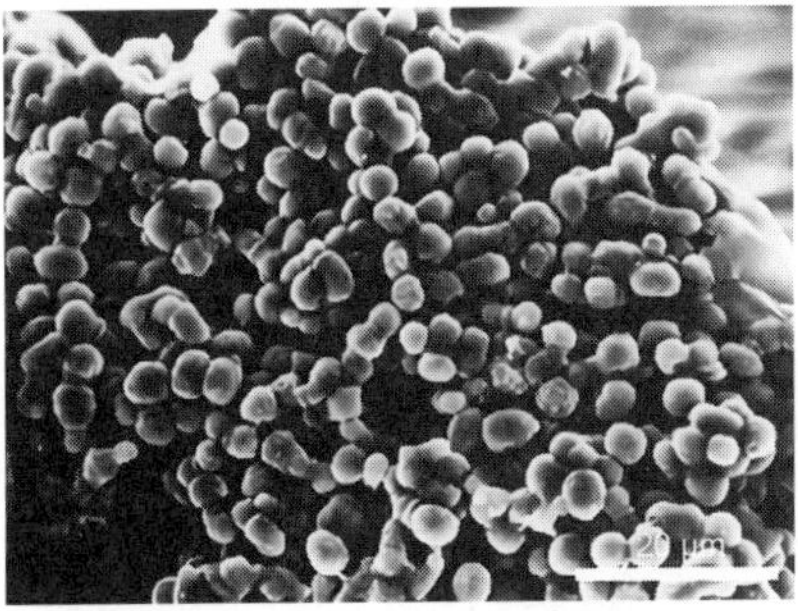
写真2–8　アンブロシエラの電子顕微鏡写真（提供：梶村恒）

ず、コナラ属の樹木にナラ枯れを起こすナラ菌と呼ばれる病原菌も運んでいる。

このキクイムシはコナラ属の幹に坑道を掘り、その壁に餌となる菌とともにナラ菌を接種する。生長を始めたナラ菌は坑道から樹木内に生え広がり、それによって木が枯死してしまうと言われている。[23] ナラ枯れによる被害は一時期30万平方メートル（東京ドームの6・4倍）にまで拡大し、ナラ類の集団枯損として大きな問題となっている。

これまでの研究により、カシノナガキクイムシとナラ菌は互いに利益のある共生関係を築いているのではないか、と言われている。カシノナガキクイムシは病原菌を用いて樹木を弱らせることで坑道を掘るのが容易になり、ナラ菌は宿主となる樹木まで虫に運んでもらえる、というような、双方へのメリットがあるとする考えだ。

ただし、そうではなく菌が虫を一方的に利用しているに過ぎない、とする意見もある。いずれにせよ、虫と菌の深い関わりがあったからこそ、ナラ枯れという重大な病害が広まったことはたしかだ。

菌を食べて成長し、羽化したキクイムシは坑道内の菌をマイカンギアに取り込み、また新たな木を求めて旅立っていく。自らの体の形を変えてまで菌の運搬に特化した器官を進化させてしまうとは、昆虫もまたすごいとしか言いようがない。

菌類を育てる昆虫たち

とはいえ、じつは菌を育てて餌にしている昆虫は少なくない。中でもユニークなのが、ハキリアリというアリの仲間だ。北米南部から南米の熱帯雨林を中心に分布するこのアリは、その名の通り、植物の葉を切り取ってはせっせと巣の中に運んでいく（写真2–9）。赤茶色の小さなアリに咥（くわ）えられ、緑の葉っぱが小気味よく揺れながら運ばれていく様子は見ていて飽きない。

写真2–9　植物の葉を切り取っているハキリアリ

このアリたちの巣の中では、菌の栽培農場である「菌園」が営まれている。アリによって菌園に運びこまれた葉っぱは、さらに細かく刻まれ、キノコの菌糸を育てるための培地にされる。

アリに育てられている菌は、ハラタケ科やカンザシタケ科の担子菌類であると言われている。[24] これらの科は大型の子実体、いわゆるキノコを形成するグループである。しかし、菌園で育てられている菌は大型の子実体はつくらず、葉っぱの培地の上に生えた菌糸がそのままアリたちの餌となる。

アリは、自身では消化できない葉の成分（リグニンやセルロース）を菌類に分解させることで、より栄養効率のよい菌糸を食べている。特に、アリの幼虫はこの菌糸がないとうまく生育できないという。一方、菌はアリの世話を受けることで、安定した生息場所と養分供給を得ている。アリの巣の中の菌園では、このような持ちつ持たれつの相利共生が営まれていると考えられている。

では、この菌園で育てられている菌はどうやってアリの巣の中に運び込まれたのだろうか？　なんと、女王アリが自ら菌の運び役を担っているという。新女王は、生まれ育った巣を飛び立つ時、口腔内にあるポケットに菌糸を入れて持ち出し、新たな巣で再び菌園を営む。

以上のことから、菌園は、ハキリアリが巣を運営するための重要な基盤となっていることとがわかる。この菌もアリがいないと生きていけないようで、アリの巣以外からの報告例はまだない。

菌園の環境はアリによって維持されており、侵入してきた他の微生物は排除される。しかし、このアリによる菌園管理もどうやら万全なものではないようだ。エスコボプシスという子嚢菌はその脅威の一つであり、アリの菌園で育てられている菌に特異的に寄生する。そして、菌園の生産性を低下させてしまう。

このエスコボプシスに対して、アリは放線菌という細菌と共生することで対抗している。[25]この放線菌はアリの体表に付着しており、エスコボプシスの生長を阻害する抗生物質を生産し、この菌園を脅かす病原菌を排除する。このようなハキリアリによる放線菌の利用は、農薬を使う人間さながらの防除手段である。

小さなアリの巣の中で、こうしたミクロの攻防が人知れず繰り広げられていると考えるとなんだか愉快である。

キノコ栽培は人類の専売特許ではない

アリだけではなく、シロアリの仲間にも菌類を栽培する種類が知られている。菌類を育てるシロアリは亜熱帯から熱帯地域に分布し、日本でも沖縄本島から西表島で見ることができる。シロアリの巣の中で栽培されているのは、オオシロアリタケという担子菌の仲間である。この菌には「ターマイト（シロアリ）マイセス（菌）」というストレートな学名がつけられている。

菌を栽培するシロアリは、未消化の植物が含まれている糞を培地として用い、巣の中の菌園にてオオシロアリタケの菌糸を育てている。ある程度生長した菌糸は、窒素や糖などの養分に富む小さなこぶを形成し、これがシロアリたちの餌となるのである。

シロアリの巣から生え出たオオシロアリタケの子実体は大変美味だそうだ。ただし、この人間が珍味としてありがたがって食べている子実体は、シロアリが食べているこぶより栄養価的には劣っているという。

そもそも昆虫による菌栽培は、キクイムシやアリ、シロアリ、タマバエで複数回独立に進化したと言われている。[26] また、最近の報告によると、ハリナシバチの一種でも菌の栽培が新たに確認されている。[27]

このような昆虫による菌の栽培は、約5000万年前にはすでに始まっていたと推定されている。[24]人類による農業の歴史は1万年と言われているので、アリやシロアリによる「キノコ栽培」は、そのはるか昔から行われていたことになる。食用キノコの栽培化に成功しているのは人類だけかと思いきや、そうではなかったのである。

スーパーの野菜売り場に並んでいる栽培キノコは、特に寒い季節には鍋の具材として活躍してくれる頼もしい存在だ。シイタケやエノキタケといった古参から、エリンギやホンシメジなどの新顔まで、栽培キノコの顔ぶれは年々多様性を増している。キノコ売り場のラインナップがここまで充実してきた背景には、野生キノコの栽培化や品種改良など、キノコ栽培に関わる人々の絶え間ない努力があったことだろう。

人類は、長い年月をかけて野生の植物や動物から有用な系統を選抜し、野菜や穀物、家畜をつくり出してきた。ここで紹介したような昆虫による「キノコ栽培」においても、より巣の中で育てやすく栄養価の高い系統が選抜されてきたに違いない。これらの元祖キノコ農家たちは、まだ我々の知らない菌栽培の技を有しているかもしれない。

人類が栽培化したのは植物が主だったが、昆虫はもっぱら菌類を栽培化している、という点も大変興味深い。昆虫による菌栽培の歴史には、まだまだたくさんの面白い発見がありそうである。

「育てている」ではなく「育てさせられている」?

他方で、昆虫と菌類の関係には、昆虫が菌類を「世話している」というよりも、菌類によって「世話させられている」ケースもあるようだ。

働きシロアリが巣の中で女王の産んだ卵の世話をする習慣を利用して、のうのうと生きている菌類がいる。シロアリの巣の中を覗いてみると、半透明の卵が積み上げられている中に明らかに異質な小さな褐色の粒が紛れ込んでいる。この褐色の粒こそ、シロアリの巣に居候している菌、もっと正確に言うとその菌がつくった「菌核」(菌糸が凝集してできた組織)である。

シロアリの巣の中から見つかるこの小さな菌核は「ターマイトボール」と呼ばれる(写真2-10)。森の朽木に住むヤマトシロアリの巣を対象とした研究により、この不思議な菌核

＝ターマイトボールの正体が初めて明らかにされた[28]。ターマイトボールから抽出したDNAが調べられ、その正体はフィブラリゾクトニアという担子菌がつくった菌核であることがわかったのである。

写真2–10　シロアリの卵（白矢印）とターマイトボール（黒矢印）（提供：松浦健二）

我々が見る限り、褐色をした球形の菌核は、半透明で亜球形のシロアリの卵とは似ても似つかない。シロアリは自分の仲間とそうでないものを見分けることができるはずなのに、ターマイトボールが自分たちの卵ではないことに全く気づいていないようである。

ターマイトボールはすぐにばれそうな出で立ちをしているというのに、いったいどのようにしてシロアリの巣の中に転がり込めたのだろうか？

シロアリがターマイトボールをどのように認

識しているのかを調べるため、働きシロアリによる持ち運び実験が行われた[28]。まず、ヤマトシロアリに卵とターマイトボールの両方を与えてみたところ、働きシロアリはどちらも見境なく集め、巣内でするのと同じように積み上げた。やはり、働きシロアリには卵とターマイトボールの区別がついていないようである。

続いて、シロアリの卵（短径0・36ミリメートル）とターマイトボール（直径0・33〜0・34ミリメートル）に加え、2種類のガラスビーズ（直径0・4ミリメートル、0・6ミリメートル）と海砂を用いた持ち運び実験が行われた。なお、ガラスビーズと海砂には、シロアリの卵から抽出した化学成分を様々な濃度で塗布した。

その結果、卵の短径に近い直径0・4ミリメートルのビーズは運ばれたが、直径0・6ミリメートルのビーズや海砂は運ばれなかった。また、卵の化学成分を高濃度で塗ったビーズのほうが低濃度で塗ったものよりも高頻度で運ばれていった。どうやら、働きシロアリは対象の形と大きさ、化学成分の組み合わせによって、自分たちの卵かどうかを見分けているようだった。

さらに、電子顕微鏡を用いた観察の結果、ターマイトボールの表面は他の近縁な菌の菌核に見られるような凹凸がなく、シロアリの卵のように滑らかであることがわかった[29]。

すなわち、ターマイトボールはその外見に加え、表面の微細な構造や化学成分を真似ることで、ヤマトシロアリの卵に見事に擬態していたのである。そのため、我々が見ればシロアリの卵ではないと一目でわかるターマイトボールでも、巣の中で視覚に頼らず作業をしている働きシロアリはまんまと騙(だま)されてしまうのだ。

シロアリの巣の中で卵とともに積み上げられたターマイトボールは、働きシロアリからグルーミングなど他の卵と同様の世話を受ける。シロアリの糞や唾液には抗菌活性があり、これによって有害な微生物が巣の中に侵入することを阻止している。このような安全な場所で、ターマイトボールは居候(いそうろう)を決め込んでいるのである。

働きシロアリに世話をされているうちは、ターマイトボールも巣の中でおとなしくしているという。シロアリの女王がつくるフェロモンがターマイトボールの発芽を抑制しているとの報告もある[30]。ところが、ひとたび働きシロアリを取り除いて世話を受けられなくすると、ターマイトボールは発芽し、菌糸を伸ばして周りの卵を侵食し始める[28]。

一方、シロアリにとっては、ターマイトボールを養うことで得られるメリットは特にな

写真2–11　材の上に薄く生え広がったアテリアの子実体（左）と培地上で形成されたターマイトボール様の菌核（右）（提供：前川二太郎）

さそうである。ターマイトボールは前述のヤマトシロアリ以外でも、同属のシロアリの巣に広く見られることがわかっている[31]。また、ヤマトシロアリとは系統的に遠く離れたシロアリの巣からも報告されており、ここでターマイトボールをつくっている菌は先に述べた菌とは縁遠いものだったそうだ[32]。

この研究結果は、菌類の進化の過程でターマイトボール様の菌核が複数回独立に出現した可能性を示唆している。

ちなみに、ターマイトボールに近縁と考えられているキノコ、アテリアの子実体は、材の上に薄く生え広がったキノコらしからぬ姿をしている（写真2–11）。この仲間にはまだ分類や生態が不明なものがたくさんいる。これらのキノコ類とターマイトボールの間には、まだ我々には見えていない秘密の類縁関係が隠されているのかもしれない。

昆虫と菌類の謎に満ちた関係

もう一つ、菌類と昆虫の共生関係を考える上で興味深いものを紹介したい。というのも、この菌は虫によって罠の材料にされてしまうのだ。菌類と昆虫との間に、ここまで高度な関係があるという事実に素直に驚かされてしまう。

菌類を使って獲物を狩るための罠をつくるのは、南米の熱帯に分布する樹上性のアリである。このアリは特定の樹木と共生関係にあり、その葉が袋状に変形した「リーフポケット」の中に住んでいる。この樹木はアリに住処と蜜を与え、アリは宿主に害をなす昆虫を捕食している。

その方法が独特なのだ。アリは樹木の枝の表面に、多数の穴が開いた塹壕(ざんごう)のような罠をつくり、その中でゲリラ兵のように待伏せをして、自分たちよりもはるかに大きな獲物を狩る。

この罠をつくる過程で菌類が利用されるのだ(33)。まず、樹上の働きアリは枝に生えている

写真2-12　アリが菌糸を使ってつくった罠。写真中央の穴からアリが顔をのぞかせている（提供：Alex Wild）

毛を刈り取り、自分たちの巣があるリーフポケットへと至る道を整備する。その際、一部の毛は刈らずに残しておき、これを支柱として刈った毛を接着させていく。

　こうして、罠の骨組みとなるアーチ状の天井がつくられていくのである。なお、罠の天井には、アリが出入りできるよう、彼らの頭よりもわずかに大きな穴がたくさん開けられている。

　罠の骨組みができれば、今度はそこに練り粉状にした植物組織を貼りつけていく。ここに菌類を植えつければ、やがて塊から菌糸が生え広がることで骨組みが補強され、罠が完成するというわけである（写真2-12）。

　こうしてつくられた罠を使って、アリたちはどのような狩りを行うのだろうか？　塹壕のような罠の中で、大顎（あご）を開いたアリが獲物を待ち伏せる。罠の上に昆虫が来ると、アリは罠の穴から獲物の脚や羽に咬みつき、捕まえて動けなくしてしまう。

アリに捕まった獲物は、罠の上で徐々に引き伸ばされていく。そうして身動きを取れなくしておいて、アリは獲物に毒針を刺して痺(しび)れさせ、絶命させるのである。その後、獲物は罠のある枝からアリの巣のあるリーフポケットのほうにゆっくりと運ばれていき、食べやすいように解体されてしまう。

写真2–13　フトモモ科樹木の葉に発生したすす病（提供：佐藤豊三）

このような待ち伏せに適した罠を用いることで、このアリはより大きな獲物を狩ることができるのである。

複数の罠から検出された菌の遺伝子を調べた結果、子嚢菌のケートチリウム目に属する「すす病菌」の一種が主に使われていることがわかった[26]。すす病菌とは、植物の葉や枝などの表面に黒く「すす」のように生え広がる病原菌の総称で、日本でも公園の植え込みなどでよく目にする、最も身近な植物病原菌だ（写真2–13）。

この罠から検出されたすす病菌の遺伝的な多様性を

調べた結果、アリのコロニーごとに別系統のすす病菌が使われていることがわかった[26]。しかし、このすす病菌がどこから持ち込まれているのかについては、まだよくわかっていない。女王アリが古巣から運んでくるのか、もしくは、樹上にもともといた菌類から選抜されているのか。いくつかのルートが想定できるが、まだ特定には至っていない。

いずれにしても、アリが特定のすす病菌を選抜して罠の作成に使用していることは明らかである。このようなアリと菌との関わりは、前に紹介したアリが自らの食料とするために菌を栽培しているような関係とは異なる。

たしかにアリは罠に使用する菌に、栄養源を与えたり、雑菌の侵入を防いだりするなどの世話をしている。

しかし、これがアリと菌の両方にとって利益のある関係なのかどうかはまだはっきりとしない。これまでに認識されてこなかった、新たなタイプの共生関係ではないかとも言われている。このアリとすす病菌の関係に代表されるように、昆虫と菌類の共生関係はまだ多くの謎に包まれているのだ。

この章で見てきたように、菌類は幅広い生物と共生関係を築くことにより、新たな機能を獲得し、他の生物との競争を有利に進め、より厳しい環境への進出を可能としてきた。菌類が今日見られるような類(たぐい)まれな多様性を獲得してきた背景には、こうして様々な生物と共生関係を築いてきた菌類独特の生き方が深く関係していたに違いない。

第3章 変幻自在の巧みなサバイバル術

多種多彩な寄生のかたち

前章で見たように、菌類がいつごろどのようにして陸に上がったかは、まだはっきりとはしないものの、その当初から植物と密接な共生関係を築いていた可能性は高い。

そのように植物と仲睦まじく暮らしていた菌類が、いつから植物を攻撃するようになったのか、詳しくはわかっていない。あるいは、植物と共生する菌類とは別に植物を攻撃する菌類が同じころすでにいたのかもしれない。

しかし、いずれにしてもかなり昔から陸上植物が菌類の主要な寄生相手となり、攻撃の対象となってきたのは間違いないだろう。

葉や花、形成層などの生きた組織を寄生菌に侵された植物は、その生長や繁殖に異常をきたし、ときには自身の生存に関わる重篤な症状に陥る（おちい）こともある。そうした植物寄生菌の中でも我々の生活に関わりが深いものと言えば、農作物の病原菌だろう。

たとえば、イネ馬鹿苗病菌という、いささかひどい名前の病原菌は、ジベレリンという植物ホルモンを分泌することによって宿主の異常生長を誘発し、イネの収量に悪影響を及ぼす。

しかし、人間もさる者で、このジベレリンを作物の生長促進剤として利用している。ジベレリンは、他にも種子発芽の促進や植物組織の老化の抑制に関与しており、農業生産の場における重要な植物ホルモンとして知られている。種なしブドウとして知られるデラウエアは、このジベレリンを処理することで結実する。

一方、動物では昆虫がよく菌類に寄生されている。そうした昆虫寄生菌の中で最も有名なのが冬虫夏草オフィオコルディセプス・シネンシスである。この菌の感染を受けてキノコを生じたガの幼虫は、漢方の生薬として珍重されている（写真3–1）。

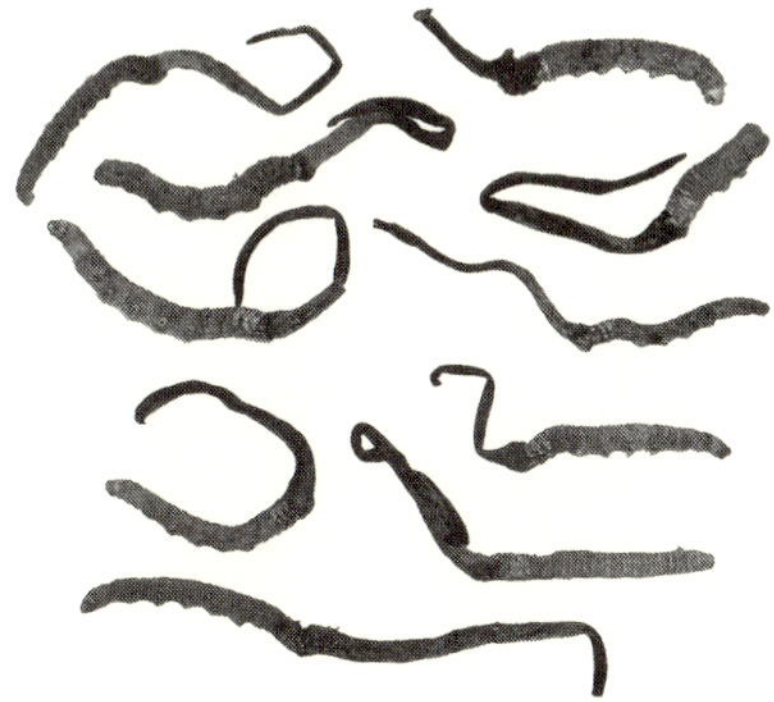

写真3–1　漢方薬として珍重される冬虫夏草オフィオコルディセプス・シネンシス（Rafti Institute CC-BY 2.5）

接合菌類のハエカビ属は、その名の通り、昆虫寄生菌からなるグループである。この仲間は虫の体内に侵入して「血リンパ」（昆虫の「血液」のこと）内で酵母状に増殖し、血糖値を減少させ、あるいは毒素を生産して宿主を死に至らしめる。[1] 筆者は、この菌に寄生されたセミが飛行中に急死して落下するのを見た、という話を聞いたことがある。もし、これが本当だとすれば、菌が宿主にとどめを刺すのに要する時間はほんの一瞬だ。

この他にも、寄生菌はじつに多様な生物を宿主としている。樹木や昆虫などの動植物のみならず、センチュウやワムシなどの微小動物、さらには身内であるはずの菌類にまでも寄生してしまう。

もちろん、我々人間も寄生菌の餌食(えじき)になることがある。人類にとって最も身近な寄生菌と言えば、水虫を引き起こす白癬菌(はくせんきん)だろう。このカビは皮膚などを形づくるケラチンを分解して養分を得ており、特に足の指の間のような湿った部分が大好きだ。

こういった部分の皮膚を白癬菌が分解して菌糸が深く侵入していくと、これに反応してあの耐え難い痒(かゆ)みが生じるのである。誰しも水虫になんか感染したくはないだろうが、この菌が原因で死ぬことはまずない。

一方、肺炎を引き起こすニューモシスチスのように、健康な人には滅多に感染しないが、一度発症すれば死亡する可能性もある恐ろしい菌もいる。このあたりの菌とはできる限りお近づきになりたくないものである。

他の生物がいなければ生きていけない菌類ではあるが、こうして見ると、様々な相手に寄生して悠々自適に振る舞う圧倒的な存在のように思えてくる。さらに、その寄生の方法はじつに多彩である。本章では、そんな寄生菌類の巧妙な生存戦略について紹介していこう。

花に化けて虫を騙す

第1章で、菌類がつくるキノコは植物の花にたとえられる、という話をした。しかし、これから述べるのは単なるたとえ話ではなく、実際に「花」をつくってしまった菌類の話だ。この菌が営むのは、花と昆虫との蜜月の関係があってこそ成り立つ、隙間産業的な生業（なりわい）である。

陸上植物が咲かせる花は、花粉を運ぶ動物とともに進化してきたと考えられている。花を訪れるハチやチョウの体に付着した花粉は、これらの虫によって同種の別の花まで運ばれ、そこで受粉が完了する。これらの訪花昆虫はただ花粉を運ばされているだけではなく、多くの場合、花粉や蜜などの報酬を植物から受け取っている。

このように、花と訪花昆虫は互いに持ちつ持たれつの関係にある。花を咲かせる植物と、訪れる昆虫の相互関係が、我々の目を楽しませてくれる美しい風景をつくりあげてきた、といっても過言ではない。どこかで聞いた「花は花粉媒介者が訪れて初めて完成する」という言葉は、両者の関係を端的に表している。

この花と昆虫との蜜月の関係を逆手にとって利用してしまう菌がいる。植物病原菌として知られるさび菌の一種、プクシニア・モノイカである[2]。この菌は、他の多くのさび菌がそうであるように、生きている植物に寄生していないと生存できない「絶対的寄生菌」である。

その宿主となるヤマハタザオ属の草本植物は、この菌に寄生されると、本来の花とは似ても似つかない黄色い「花」を形成する（口絵参照）。しかし、この「花」は、じつはさび菌によって誘導された偽物の花なのである。以降、この菌類によって誘導される偽物の花のことを「疑似花」と呼ぶ。

この疑似花は、近くにあるキンポウゲ属の一種の花とそっくりで、形、大きさ、色（可視・紫外スペクトル）などがよく似ているという（写真3−2）。姿かたちの模倣にとどまらず、糖を含む蜜まで生産するという念の入れようである。さらに、生産される蜜の糖量を計ってみたところ、本物の花よりも疑似花のほうが多かったというデータまである。

疑似花が本物の花と大きく異なるのは、雄しべも雌しべもなく、その代わりにさび菌の精子（不動の生殖細胞）をつくる器官が表面に形成されている点である。しかし、どうやら訪花昆虫にはその違いはわからないようで、本物の花と誤認した虫は疑似花に「訪花」してしまう。

写真3–2 「疑似花」の近くに咲くキンポウゲ属の植物の花（Dave Powell, USDAForest Service, Bugwood.org CC-BY 3.0）

こうして訪花してきた昆虫に、花粉の代わりに付着するのがさび菌の精子である。虫に付着した精子はまた別の疑似花に運ばれていく。そして運ばれた先の疑似花で「受精毛」と呼ばれるさび菌の特殊な菌糸に接触し、菌同士の授受精が成立するというわけだ。

さび菌の受精毛は精子を受け取ることで、「さび胞子」という特別な胞子を形成し、また新たな世代を回すことが可能となる。つまり、このさび菌は顕花植物（花を咲かせる植物）と訪花昆虫の暗黙のルールにまんまと便乗し、両者の関係を自身の繁殖に利用しているのである。

このさび菌の他にも、モニリニアという子嚢菌で、植物に感染して花に擬態する種が知られている。[3] この菌がブルーベリーの葉に感染すると、病気になった部分は芳香を発して蜜を生産するようになる。

さらに、紫外線を反射することで本物の花に見られる「蜜標（みつひょう）」（蜜のありかを訪花昆虫に知らせる目印）のようなシグナルを発し、訪花昆虫を誘導するという。そうやって誘い込んだ虫の体には花粉の代わりにモニリニアの胞子が付着するというわけだ。興味深いことに、このモニリニアの胞子はブルーベリーの花粉を形態的にも化学的にも模倣しているという。[4]

菌がつくる疑似花に騙される生物は訪花昆虫にとどまらない。先に紹介したさび菌のお花畑を訪れた学生たちも見事に騙され、菌によってつくられた偽物の花を採集し、標本として大切に保管していたという。その後もしばらく、この疑似花は標本庫の中で植物学者たちを騙し続けていたようだ。

目に見えないほど小さな菌が、昆虫のみならず、植物の専門家たちまで欺いてしまうとは恐れ入ったものである。「嘘もつき通せば真実になる」と言うが、この場合そうはならなかった。一人の進化生態学者によって、この巧妙につくられた偽物の花の秘密が解き明かされたのである。(2)

植物の生長を巧みに操って花を咲かせ、虫のみならず人間までも見事に騙してしまったさび菌。疑似花の正体を初めて明らかにした研究者も、この菌による巧妙な擬態にはさぞ驚いたことだろう。

毒を持つキノコ・カビ

次に紹介したいのは、毒を持った菌類である。毒を持つキノコと言えばベニテングタケやドクツルタケ、ツキヨタケ、カエンタケあたりが有名ではないだろうか（口絵参照）。これらの毒キノコの中には、強烈な中毒症状が長時間続き、その挙句死に至る大変危険なものもある。

キノコ狩りの後に美味なキノコ汁に舌鼓を打つのはとても楽しいことなのだが、野生キノコを安易な同定で食用とするのは控えたほうがよいだろう。かくいう筆者も野生キノコの同定はあまり得意ではなく、必ずその道のプロと同行し、判断を仰ぐようにしている。

２００４年に日本各地で食中毒を起こしたことでお茶の間を騒がせたスギヒラタケは、この事件をきっかけに毒キノコとして広く認識されるようなった。普段食べていた野生キノコが、ある日から毒キノコと認定されてしまった例である。こうなってくると、キノコの食毒判定の際に何を信じてよいのやらわからなくなってくる。

そもそも、このような毒キノコは、いったいどのようにして人を殺すほどの毒を持つに至ったのだろうか？　その答えはまだはっきりとわかっていないが、おそらく、キノコが生きているうちに代謝物として体内に蓄積していた成分の一部が、たまたま人にとって毒性を有していたということなのだろう。

キノコを食べる虫にとっては強力な毒となるが、人に対しては全く効果がなかったり、またその逆だったりすることもある。本当に菌類はとらえどころのない生き物だ。

このようなキノコのみならず、カビの仲間にも毒を持った種類が意外と多い。そうした中で、とりわけ強力な毒性を持った化合物を生産するのが麦角菌（ばっかくきん）である。

麦角菌は、イネ科やカヤツリグサ科に寄生する植物病原菌として知られ、これらの植物の穂に「麦角」と呼ばれる菌核を形成する（写真3–3）。

写真3–3　イネ科植物ヨシの麦角病。黒く飛び出しているのが菌核（白矢印）

麦角菌がライ麦や小麦などの農作物に感染した場合、穀粒となる部分が暗色の菌核に置き換わってしまい、収穫量や質に悪影響を及ぼす。この暗色の菌核が麦穂から角のように飛び出している様子が「麦角」と呼ばれる所以（ゆえん）である。

この麦角菌を特徴づけている菌核には、「麦角アルカロイド」と総称される化合物が含まれている。この化合物は哺乳類の循環器系や神経系に対する毒性を持っており、人間が一定量以上摂取した場合、循環障害から四肢の壊疽（えそ）に至り、最悪の場合死亡することもある。[5]

ただし、麦角アルカロイドは使用法や量が適切であれば薬にもなる。たとえば、麦角アルカロイドの一つであるエルゴタミンは、その生理活性を利用した血管収縮剤や片頭痛薬として用いられている。

また、麦角アルカロイドから幻覚剤として有名なＬＳＤ（リゼルグ酸ジエチルアミド）が合成されたというのも有名な話だ。高揚感と幸福感をもたらすＬＳＤは、１９６０年代のサイケデリック・カルチャーに影響を与えるなど世界的なムーブメントをもたらした。

強烈な毒にも救いの薬にもなる麦角菌は、人類の歴史に最も影響を与えた植物病原菌の一つに数えてもよいだろう。中世ヨーロッパの歴史には、麦角中毒と思われる記録が数多く残されている。麦角菌の菌核が混入した麦の穀粒を毒と知らずに製粉し、つくられたパンを食べた人が麦角中毒を起こしていたのである。

特に、麦角菌の主な宿主であるライ麦の消費が多い地域でこの中毒が頻発したという。毎日口にするパンに猛毒が混ざっていたなんて、その原因も特定されていなかった時代にはとんでもない恐怖だったことだろう。

近年では、製粉技術が向上するとともにライ麦消費量が低下したため、人の麦角中毒は激減している。[5] その一方、家畜の麦角中毒は依然問題視されている。牛や豚などの家畜が牧草や飼料とともに麦角を摂食することで、麦角中毒となってしまうのである。

植食性の動物を中毒させることから、麦角菌は宿主であるイネ科植物に利益をもたらしているという見方もされている。ある調査によると、牧草地で草をはむ羊は、麦角菌に感染した植物を避けて食べないようにしているという。この研究では、宿主植物は麦角菌に感染することで植食者に対する防御効果を得ているのではないか、と推論されている。[6]

なお、よくも悪くも我々とのつき合いの長い麦角菌であるが、その進化的な起源は人類よりもはるかに古いかもしれない。約1億年前の白亜紀（約1億4500万年〜6600万年前）の琥珀（こはく）の中から、麦角菌に近縁と考えられるパレオクラビセプス

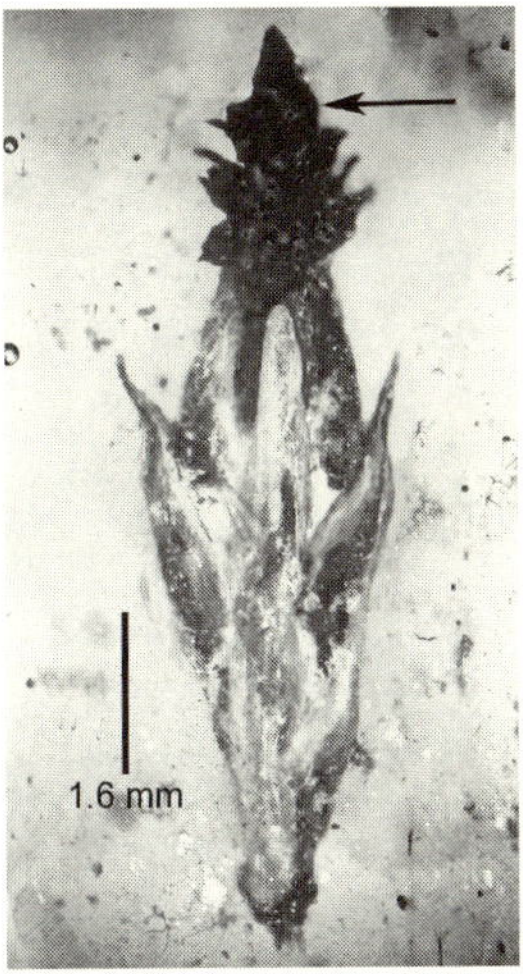

写真3–4　パレオクラビセプスの化石。先端の黒い部分が菌核（黒矢印）（提供：George Poinar）

（写真3－4）の化石が見つかっている。[7] この菌は、現代の麦角菌と同様、当時のイネ科草本の穂に菌核を形成していたそうである。

太古の草食恐竜も麦角中毒に苦しめられていたかもしれない、などと考えるとちょっと面白い。

束になって巨大化する

ところで、現存する世界最大の生物は何か、と問われれば、読者の皆さんはどのような生き物を思い浮かべるだろうか？　本書でこういうことを聞くからには、もちろん答えは菌類である。とはいえ、樹木に寄生する小さな菌が世界一大きな生物だと言われても、にわかには信じられないと思う。

動物では体長30メートルにもなるシロナガスクジラ、植物では樹高80メートルを超えるジャイアント・セコイアが有名どころだろう。このような生物界の巨人たちに混ざって、微生物である菌類が列せられるとすればかなり違和感がある。

しかし、菌類の研究者の中には、とある菌こそが世界最大の生物だと主張している人たちがいるのだ。その菌とは、ナラタケというキノコの仲間である。

たしかに、「巨大なキノコが出現した」というニュースは時々目にすることがある。そこで紹介されるのはオニフスベ（写真3–5）やニオウシメジなどの担子菌類で、これらの菌類は実際に巨大な子実体をつくる。

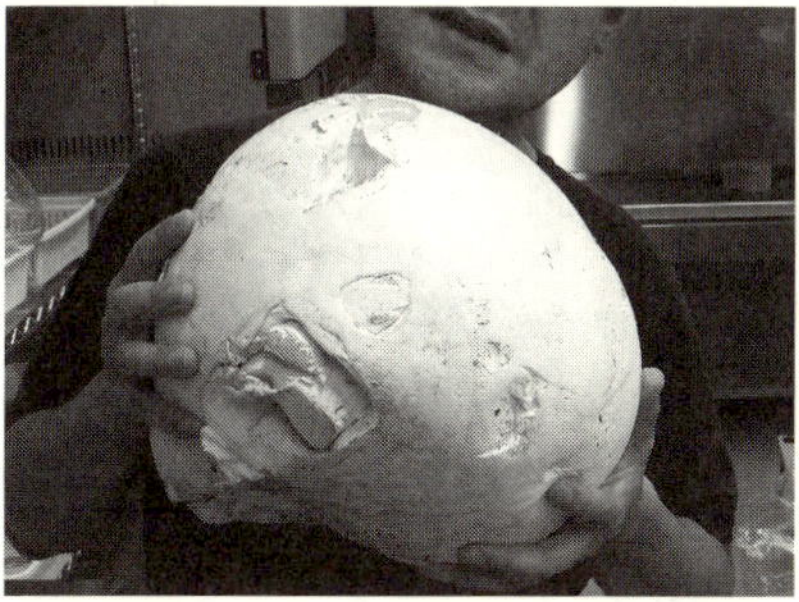

写真3–5　オニフスベの子実体（提供：谷亀高広）

しかし、巨大だといってもせいぜい人間の子供くらいのサイズであり、世界最大の生物という称号には程遠い。一方、ナラタケの子実体はどうかというと、普通は大きいものでも高さ20センチメートルに届くかどうかというキノコとしてはごく一般的なサイズである（写真3–6）。

では、なぜこのナラタケの仲間が世界最大の生物と主張されるに至ったのか？　そのいきさつについて説明する前に、このキノコの生態について少し解説しておこう。

ナラタケ類は広葉樹や針葉樹の根に寄生する病原菌として知られている。樹木の集団枯損を引き起こした事例

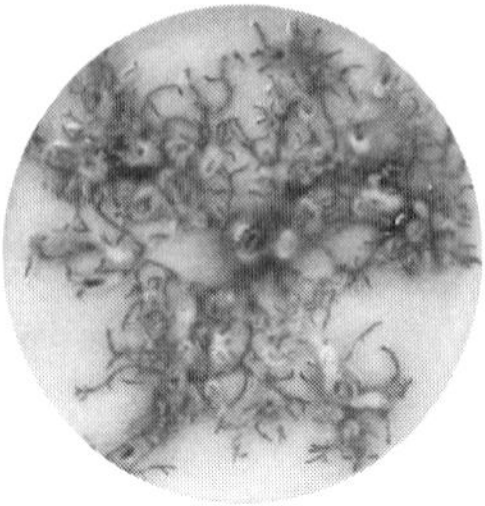

写真3–7　培地中に形成されたナラタケの根状菌糸束（提供：谷亀高広）

写真3–6　ナラタケの子実体

もあることから、重要な森林病害として扱われることもある。このナラタケ類の特筆すべき生態として、「根状菌糸束」と呼ばれる菌糸の束を形成することが挙げられる。

一本一本の菌糸は細く弱くとも、束になることで、肉眼でも見えるほど太く強靱（きょうじん）な繊維状構造となる（写真3–7）。ナラタケは、根のように太い菌糸束で土中を伸び進み、樹木の根から根へと感染を広げることを可能にしたのである。

タネあかしをすると、この根状菌糸束で生え広がるという性質が、ナラタケを世界最大の生物とした一因となる。

それでは、ナラタケはどのようにして世界最大の生物となったのだろうか。ナラタケ属の一種を対象とした研究を見てみよう。アメリカはミシガン州の広葉樹林で行われた調査によって、このナラタケの子実体と根状菌糸束が採取され、それぞれの遺伝子型が調べられた。その結果、同一の遺伝子型を持つ菌糸体が最大幅635メートル、面積で15万平方メートルに及ぶ広範囲に広がり、その重さは10トンに達すると推定された[8]。

このナラタケの菌糸体は、胞子を遠くに飛ばすことにより分布を広げたわけではなく、一つの起点から菌糸の生長だけでここまでの大きさに至ったと考えられている。つまり、この東京ドームの3・2倍に及ぶ広範囲で検出された菌糸体が、一つの個体に由来すると結論づけられたのである。第1章で、キノコの本体が地下に広がっているという話をしたが、これほど巨大な菌糸が広がっているとは普通は想像もつかないだろう。

さらに、このナラタケの年齢についても推定が試みられている。根状菌糸束の成長速度は年0・2メートルと推定されるので、直径635メートルの菌糸体に生長するには1500年かかる計算となる。1500歳のキノコ。相当な高齢だ。このナラタケの一種は日本でヤワナラタケと呼ばれることもあるようだが、重さ10トンの1500歳は全然「ヤワ」ではない。

しかし、上には上がいるもので、このヤワナラタケの記録は10年後に塗り替えられてしまった。[9] それも、同じナラタケ属の別種、オニナラタケによってである。このオニナラタケの調査がなされたのはオレゴン州のブルーマウンテンにある針葉樹林で、ナラタケ病による激しい枯損が記録された場所であった。

この調査地において様々な樹木の根からオニナラタケの菌糸が分離され、これらの遺伝子型が調べられた。その結果、5つの「個体」が確認され、このうちの一つが分布面積において突出しており、最大幅3810メートル、9・65平方キロメートル（東京ドームの206倍）の広範囲に及んでいた。

ちなみに、この個体の年齢は8000歳以上になると推定されている。このオニナラタケはヤワナラタケの記録を大きく塗り替えることで、名実ともにその鬼っぷりを示せたのではないか。

一本一本の菌糸は細く弱くとも、束になることで森を覆い尽くすほどの大きさまで生長し、世界最大の称号を得るに至った。小さな菌類の壮大な生き様を称賛したい。

虫とともにひっそり生きる

ここまで植物に寄生する菌類を見てきたので、次は昆虫に寄生する菌類も見ていきたい。これら昆虫寄生菌の中には冬虫夏草のように宿主を殺傷せず、比較的穏便な関係を保っているものもいる。

それは、昆虫やヤスデ、ダニなどの節足動物の体表に付着して生活しているラブルベニアと呼ばれる菌類のグループだ。ラブルベニア類はとても奇妙な形をしているため、初見で菌類だとわかる人はそうそういないだろう。

この仲間は宿主の体表にくっつく付着器と胞子をつくる部位、それを取り巻く細胞が合わさってできた、0・1ミリメートルほどの体一つで生活している。このように小さく見つけにくいため、人知れず昆虫愛好家のコレクションに紛れ込んでいることもしばしばあるという。

では、このごく小さな菌類は虫の体表でどのようにして生活しているのだろうか。オサムシ科の甲虫に寄生しているラブルベニア・クリビナリスの研究によると、この菌の密度は、宿主の交尾の季節に最大化することがわかっている。[10] おそらく、宿主の交尾時に、雄の腹側に定着している菌体の胞子が雌の背側に付着して発芽し、新たな菌体を形成するといった具合に、雌雄間で感染を広げているのだろう。

このような、交尾による雄から雌、または雌から雄への直接感染は、ラブルベニア類の主要な感染パターンの一つと考えられている。交尾による雌雄の濃厚な接触を利用して感染を拡大するとは、まるでクラミジアやトリコモナス（ともにヒトの性感染症を引き起こす微生物）のごとき生き様である。

ラブルベニア類は、付着している部分から虫の体内に菌体をわずかに侵入させ、宿主の体液から養分を拝借して生きている。このような控えめな寄生のため宿主を直接殺すことはないが、その寿命を縮めたり、飢餓（きが）状態での生存率を下げたりすることが知られている。仲よく一緒に暮らしているというよりは、菌が宿主に負担を強いている、といったところだろうか。

一方、ラブルベニア類の一種であるラブルベニア・フォルミカルムに寄生されたアリは、他の致死性の寄生菌に対する抵抗力が増加することがわかっている。[11] このような事象から、一部のラブルベニア類による感染は宿主にとって予防接種のような効果があると考え

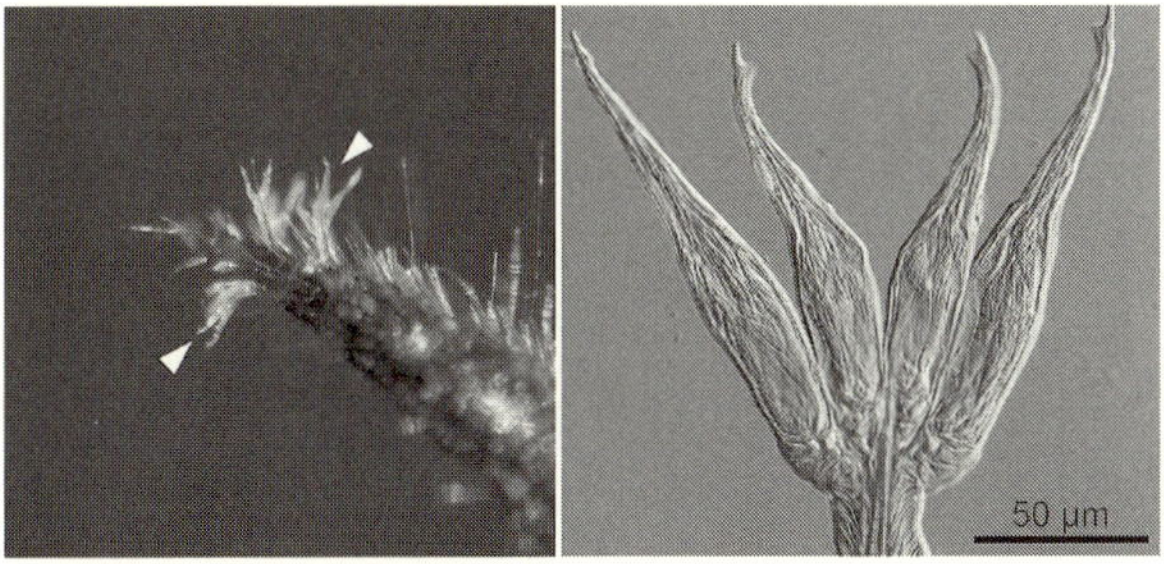

写真3–8　ゴキブリの尾毛に寄生したヘルポマイセス（左、白矢印）とその顕微鏡写真（右）（提供：升屋勇人）

られている。

生きた宿主に依存する寄生菌にありがちだが、ラブルベニアの仲間には特定の宿主や部位に対する特異性を持つ種が多い。たとえば、クワガタにつくクワガタナカセというダニに寄生するディメロマイセス[12]や、もっぱらゴキブリの尾毛にくっついているヘルポマイセス（写真3–8）などはそのいい例である。

このように、異なる宿主や部位はそれぞれ別種の菌の住処となっていることから、その住処の数に見合った膨大な種数のラブルベニア類が存在するのではないかと言われている。このような特定の部位にばかり寄生する現象は「位置特異性」として知られる。

雄と雌で寄生しているラブルベニア類の種が異なるという例もある。ツブゲンゴロウ属の一種には13種のキトノマイセス属が寄生しており、それぞれの菌種は特定の性の特定の部位にのみ見られるという。

しかし、どうしてそのような棲み分けが可能なのかについては、１８９６年に報告されて以来、１００年来の謎であった。ところが最近、この13種の菌のＤＮＡを調べる研究によって、謎が思わぬ形で解き明かされた。

分子系統解析の結果、これまで13種に分けられていたキトノマイセス属が半分以下の６種に再編されることとなった[13]。つまり、形態の違いから13種あると考えられていた菌が、遺伝的にはたった６つのグループでしかなかったと結論されたのだ。

さらに、これら６種が付着している部位を雄雌間で比較したところ、面白いパターンが見えてきた。たとえば、雄の左後脚にいる菌と同種の菌が雌の左背に、雄の左前脚にいる菌と同種の菌が雌の左胸にいる、という具合に、雄雌で対応する６つの部位がそれぞれの菌種の住処となっていたのである。

このパターンに気がついた研究者たちは、それぞれの菌種の感染部位は交尾時に雌雄で接触する部分に対応しているのではないかと考えた。

ところが、ためしに各菌種の感染部位を描き入れた雌雄の図を重ねてみたところ、一部の菌種で対応関係に微妙なずれが生じてしまった。研究者たちはこの不一致の謎を解き明かすべく、虫の雌雄が交尾している一部始終を動画で撮影し、雄のどの部分が雌のどの部分に接触しているのかを詳細に観察した。

その結果、交尾時に雄と雌が並行に重なるのではなく、雄が少し左にずれた形で重なっていることがわかった。そして、そのずれを考慮したところ、それぞれの菌種の感染部位が交尾時の雌雄間の接触部位に完全に対応することが確かめられたのである。

今後もさらなる研究により、昆虫の繁殖や採餌などの行動パターンを利用した、ラブルベニア類の巧みな繁殖戦略が解き明かされていくことだろう。生きている虫に寄生し続けることで獲得されてきた多様な形と生き様は、今後も我々を楽しませてくれるはずだ。

ただ、これらのラブルベニアが虫たちの交尾の邪魔になっていないことを願うばかりである。

「謎の菌」のニッチな住処

ある種のダニにばかり寄生しているラブルベニアや、もっぱら動物遺体のケラチンを分解しているホネタケ（第４章参照）など、菌類の世界には特定のものをひたすら栄養源として利用する種が数多く見られる。ここでは、そんな偏食が目立つ菌類の中でもとっておきの偏食家をご紹介したい。

この菌の話を始める前に、まずは森林の「リター層」（落葉や落枝などがたまった層）に生きるトビムシという虫について紹介しなくてはならない。トビムシは、リター層を構成する分解の進んだ落葉や菌糸などを食べている、体長数ミリメートルほどの小さな虫だ。森に入って落葉や落枝をめくってみると、この小さな虫がぴょんぴょんと飛び跳ねていく様子を観察できる。

このトビムシの生殖行動が少し変わっている。この仲間は、雄と雌が互いの生殖器を合わせるような交尾は、基本的に行わない。その代わり、雄が置いた精子のつまった袋「精包」を雌が拾い上げ、体内に取り入れることで受精を果たす。このような精包による精子の授受は、ダニやコムシなど、他の節足動物でも見られる現象だそうだ。

さて、ここで菌の登場である。エニグマトマイセス・アンプリスポルスと名づけられたこの菌は、カナダの森林のリター層から発見され、1993年に記載された[14]。発見当初、エニグマトマイセスはその特異な形態から、菌類のどの種に近縁なのか全く見当がつかなかった。その結果、この菌は、菌界の中で最も大きなグループ分けである門レベルの所属すら不明のまま新種として報告されたのである。

最初の論文には、エニグマトマイセスが他の菌類のものと思われる太い菌糸のような構造物に付着している様子が記録されている。しかし、この菌がどのようにして養分を得て生きているのか、新種記載の段階では全くわからなかった。

そして、分類学的所属と栄養源が不明であるがゆえに、「エニグマ（謎）」と「マイセス（菌）」という、2つのギリシャ語を合わせた学名がつけられた。新種記載をした研究者らは、その論文中でエニグマトマイセスの特徴を詳細に記述し、のちの研究者が適切な分類学的処置をしてくれることに期待したのである。

この後続にゆだねられた謎は一人の日本人研究者によって解き明かされた[15]。エニグマトマイセスとは別の菌を得る目的で、採集した土壌をプラスチックカップに入れて培養し、日々出現してくる菌を観察していた中での発見だった。

カップの中に入れられた土壌は程よく保湿され、そこに現れる小さな生き物たちの楽園となる。実体顕微鏡（観察対象をそのままの状態で拡大して見るための顕微鏡）で覗けば、トビムシやダニなどの小さな土壌動物が土や落葉の上を歩く姿や、粘菌やカビなどの微生物の子実体が次々と現れては消えていく様子を楽しむことができる。

ダニがカビの子実体を引き倒して胞子を食べている様など、『風の谷のナウシカ』の腐海のワンシーンを見ているような気持ちになる。[16]

こうして培養していると、カップ中の生物相は時間の経過とともに変化していく。培養の初期だけ出現する「ケカビ類」（接合菌類に含まれるカビの一群。生長が速く、花や果実などの水気の多い有機物上によく出現する）や、逆に数ヶ月の長期培養を経なければ伸びてこないカビもいる。

このような観察の日々の中に、謎の菌エニグマトマイセスとの予期せぬ出会いがあった。落葉上に現れた小さな見慣れぬ菌を光学顕微鏡下で詳細に観察したところ、カナダで二度だけ発見された珍種、エニグマトマイセス・アンプリスポルスと同定されたのだ。[15]

あらためてカップ中の土壌を詳細に鏡顕(きょうけん)したところ、エニグマトマイセスが付着している構造物は菌糸ではなく、トビムシのつくった精包の柄であることに気がついた。どうやら、この謎の菌は柄の先端についている精子を分解して養分を得ているようなのである。

そこで、この菌の発生が見込まれる土、すなわちトビムシのたくさんいる土壌を様々な場所から採集し、実験室で培養しながら顕微鏡での観察を続けた。そうすると、この珍種と考えられていた菌は意外にも様々な場所の土壌から出現し、いたるところにごく普通に分布していることがわかってきた。

こうして、エニグマトマイセスのサンプルを安定的に得られるようになり、さらに観察を進められるようになった。その結果、接合胞子の形態的な特徴などから、エニグマトマイセスが接合菌トリモチカビ目（微小動物の捕食菌や寄生菌が含まれる）の一種であるというところまで突き止められた（写真3−9）。

エニグマトマイセスがトビムシのような小さな土壌動物のさらに小さな精包に寄生することもすごいが、時と場所を超えて、この小さな菌の謎を解き明かした研究者の熱意にも

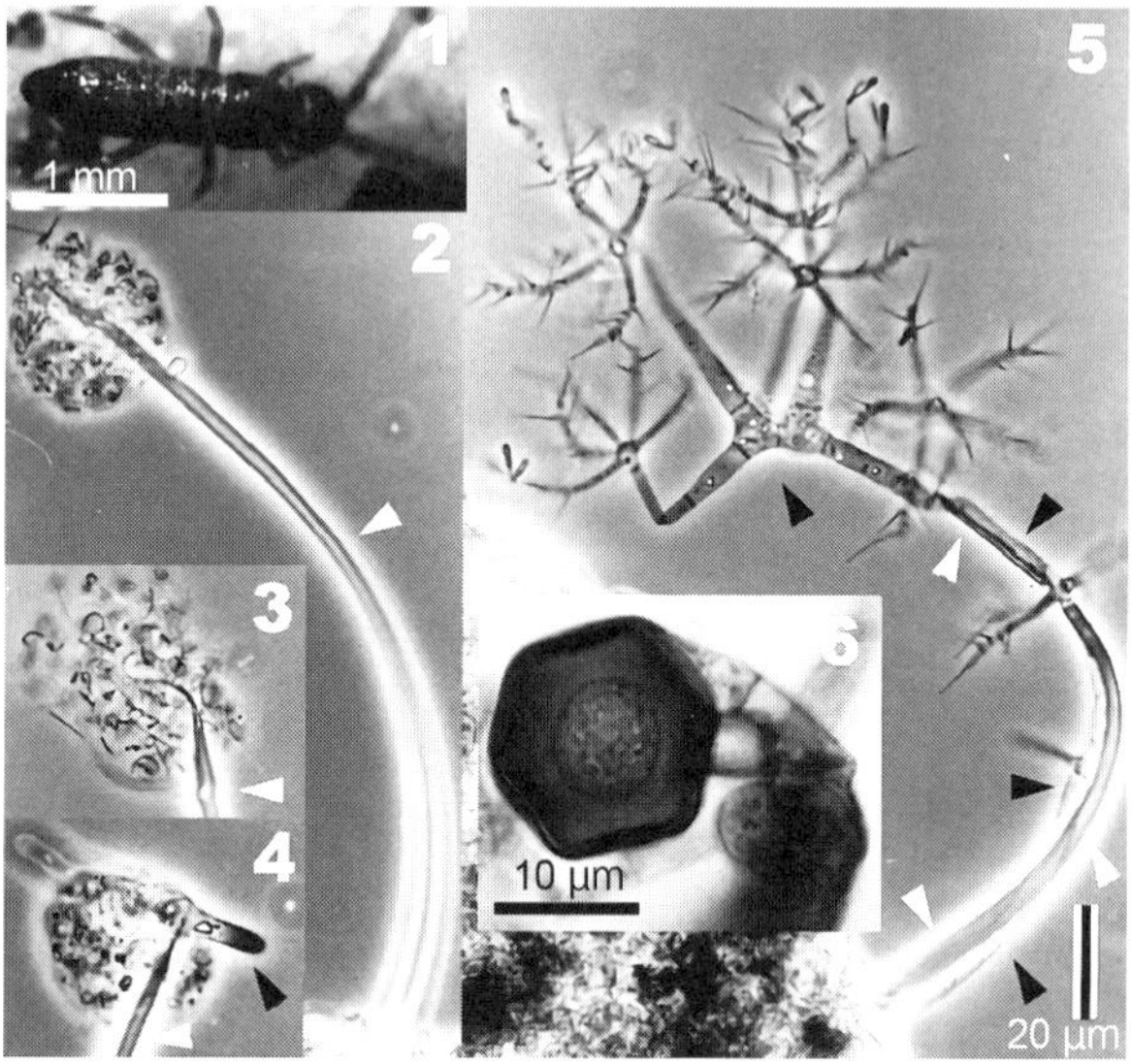

写真3–9　1、アヤトビムシ科の一種　2、3アヤトビムシ科の一種がつくった精包と柄（白矢印）　4、精包中で育つエニグマトマイセスの菌体（黒矢印）　5、成熟した菌体（黒矢印）と精包の柄（白矢印）　6、成熟した接合胞子（提供：出川洋介）

脱帽である。顕微鏡で土壌をひたすら観察し、そこで起こったことを記述していくという作業の繰り返しにより、長年の謎を解き明かしていく。自然史研究の神髄（しんずい）がそこにあるように感じる。

　しかしながら、なぜエニグマトマイセスがトビムシの精包ばかり食べているかについてはまだ明らかにはなっていない。もしかしたら我々の知らないところで、より多様なものを摂取する食生活を営んでいるのかもしれない。エニグマトマイセスの「謎」は、まだすべて解けたわけではなさそうである。

アリの身体を操る

植物に寄生して「花を咲かせる」菌についてはすでに述べたが、このように菌によって振る舞いをコントロールされる生物は植物だけにとどまらない。より複雑な体のつくりをしている昆虫も、この小さな乗っ取り屋の犠牲となる。

その中でも特に目を引くのは、菌に寄生されてゾンビのようになってしまったアリたちだ。人類文明の終末として描かれることの多いゾンビ映画。そこに登場するゾンビは人間を喰らい、噛まれた人間は次々とゾンビ化し、生存者たちは徐々に追い詰められていく。そして、いずれはゾンビによる世界の終末、「ゾンビ・アポカリプス」を迎えるのである。このようなゾンビ映画では、謎のウイルスが感染することで人々がゾンビ化していく、という設定が王道である。

ただし、ここで紹介するのは人をゾンビにするウイルスではなく、アリをゾンビのように変えてしまうオフィオコルディセプスという昆虫寄生菌だ。これに寄生されたアリは、まるで菌にコントロールされているかのような異常行動をとった後、植物の茎や葉脈に噛みついて絶命する。その奇妙な行動パターンが生ける屍であるゾンビを髣髴とさせることから、研究者らはこの菌に感染したアリを「ゾンビアリ」と呼んでいる。

ゾンビアリの行動パターンについて、タイの熱帯雨林で行われた研究成果[17]をもとに見ていきたい。この研究で対象とされたオフィオコルディセプス・ユニラテラリスはオオアリ属の働きアリに寄生し、これをゾンビアリにしてしまう（口絵参照）。このアリは樹上性で、林冠（枝葉が繁る森林の上層部）に巣をつくって生活している。そのため、働きアリが林床に降りてくることはめったになく、餌を求めて徘徊する際も決まった道を歩くという[17]。ところが、菌に寄生されたゾンビアリはこの道から外れてランダムに歩き回り、繰り返し痙攣を起こして林床に落下してしまう。落下したゾンビアリは再び歩行を開始するが、林冠にある巣に戻ることはなく、近くの低木に登り始める。

この風変わりな放浪の末、低木の葉上に至ったゾンビアリはその大顎で葉脈に噛みつき、死を迎える。この葉脈を噛む行動は「デスグリップ」と呼ばれている。デスグリップは正午あたりに集中して起こっていることから、ゾンビアリは太陽の位置や気温、湿度から何らかのシグナルを得て行動している可能性が示唆されている。ゾンビアリの大顎は葉脈に深く突き刺さっており、このおかげでアリの体は葉上に固定され、死後も地面に落下することはない。

写真3–10　アリの遺体から伸び立つオフィオコルディセプスの子実体（David P. Hughes, Maj-Britt Pontoppidan CC-BY 2.5）

興味深いことに、こうして死んだゾンビアリは、植物の北側かつ地表から約25センチメートルの高さという特定の位置で集中して見つかるという。このゾンビアリの「墓場」は気温湿度ともに菌の生長に適した環境となっているようだ。好適な環境で増殖した菌は死体の内部を菌糸で満たし、やがてアリの頭のつけ根あたりからキノコの柄が伸び始めるのである（口絵参照、写真3–10）。

宿主が死んでから1～2週間が経つと、伸び上がったキノコの中で子嚢胞子と呼ばれる有性胞子が形成され始める。やがて成熟した子嚢胞子は空気中に散布され、新たな宿主に感染してさらなるゾンビアリを生み出すことになる。

ためしにゾンビアリの死体を「墓場」から別の場所に移してみたところ、菌の繁殖成功率が大きく低下した[18]。ゾンビアリの死体を林床に置いた場合、24時間以内にそのほとんどが動物によって持ち去られてしまった。また、死体を低木層にある「墓場」から林冠に移動させた場合、菌はある程度生長したところで活動を停止し、正常なキノコの形成には至らなかったという。

どうやら、オフィオコルディセプスがゾンビアリの死体内で生長してキノコをつくり、胞子の散布を成し遂げるためには、「墓場」の好適な環境が必須なようだ。まるで、菌が宿主の働きアリをコントロールし、自身の繁殖に適した場所まで運ばせているかのようである。

脳も神経も持たない菌が、より複雑な体のつくりをしている昆虫の行動をどのように操っているのだろうか？　菌がアリをどのようにコントロールしているのかを調べるため、オフィオコルディセプスを異なる複数種のアリに感染させる実験が行われた。その結果、この菌は特定の種のアリに感染した時に限り、その行動をコントロールすることができることがわかった[19]。

また、オフィオコルディセプスと複数種のアリの脳を一緒に培養する実験を行ったところ、菌はアリの種ごとに異なる代謝物を生産していることがわかった。これらの代謝物がアリの脳にどのように作用し、放浪からデスグリップまでの一連の行動を引き起こしているのかについてはまだ詳しくわかっていない。

それにしても、このような寄生菌の存在下で、宿主のアリは根絶やしにされてしまわないのだろうか？　どうやら、そのようなゾンビアリ・アポカリプスが起こる可能性は低そうだ。その理由の一つとして、オフィオコルディセプスが感染したゾンビアリにさらに寄生する菌の存在がある。このような、寄生菌にさらに寄生する菌のことを「ハイパーパラサイト」（重寄生者）という。このハイパーパラサイトがオフィオコルディセプスの胞子の形成を阻害することで、ゾンビアリの数が抑制されているのではないかと考えられている[20]。

アリに寄生するオフィオコルディセプス以外にも、バッタに寄生するエントモファガやカメムシに寄生するプルプレオシリウムなど、菌の感染によって宿主昆虫の異常行動が引き起こされている可能性がいくつか指摘されている。[21] 菌による昆虫の行動操作は、意外と普通に見られる現象なのかもしれない。

一見すると動きもなくあまり目立たない菌類が、活発に動き回り、自分よりはるかに存在感のある昆虫を体内から操っているのである。そう思うと、なんと壮観なことだろうか。「人は見た目で判断できない」とはよく言うが、菌類も同様である。下等な生物などと侮ってはいけない。

罠をつくって狩りをする

人類による狩猟の歴史は古く、その起源は牧畜や農耕よりもはるか昔にさかのぼる。太古の昔から、人類は狩りの効率化のために様々な猟具を開発してきた。罠や銃を手にすることで、人々はより効率的かつ安全に獲物を得ることを可能としたのである。

このような猟具を用いた狩りは人類の専売特許ではない。菌類の世界にも罠を駆使する優秀な「狩人」が存在する。土壌中に生息する子嚢菌オルビリア科の仲間に、自らの菌糸で罠をつくり、動物を捕食する種類がいるのだ。

小さな菌類がつくる罠なので、その大きさはもちろんミクロの単位である。当然、罠にかかる動物も小さく、長さ1ミリメートルほどのセンチュウがその獲物となる。センチュウはミミズを小さくしたような動物だが、生物学的にはミミズとは縁遠い。

センチュウは土の中に普遍的に存在する、最もありふれた土壌動物である。ある草原での調査結果によると、1平方メートルあたり180万から1億2000万匹のセンチュウがいる計算になるという[1]。なんとも狩りがいがありそうな獲物だ。

普段、オルビリア類は土壌中にある有機物を分解しながら暮らしている。ところが、ひとたびセンチュウが近くにいることを感知すると、菌糸を伸ばしてセンチュウ捕獲用の罠を形成し、狩りを開始する。まるで獲物を待ち伏せする狩人のようである。

センチュウのみならず、細菌の生産する化学物質によっても罠の形成が促されることが報告されている[22]。オルビリア類はセンチュウを捕食することで、土壌中で欠乏しがちな窒素を得ていると考えられている[1]。

オルビリア類がつくる罠の形状は多岐にわたり、粘着性のノブ、リング、2次元ネット、

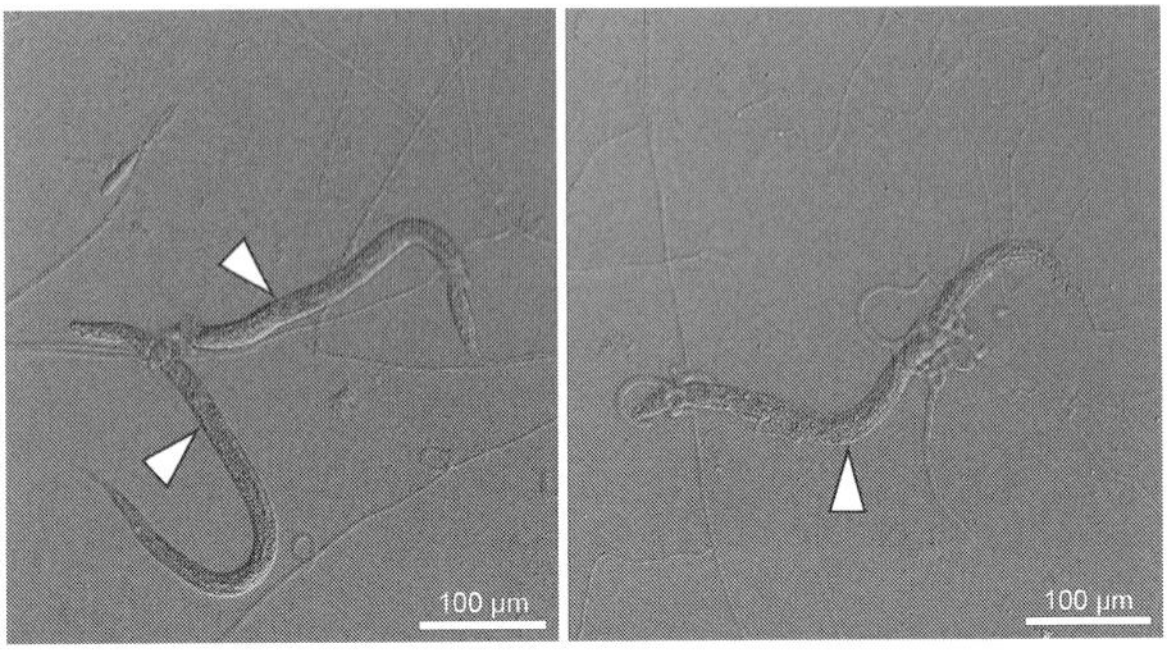

写真3–11　センチュウ（白矢印）を捕えたリング型（左）と3次元ネット型（右）の罠（提供：計屋昌輝）

3次元ネットなどが確認されている（写真3–11）。これらの中で最も巧妙なのが、獲物がかかると絞まる仕掛けのリング型の罠である。

この罠にセンチュウが体を突っ込むと、リングを構成している3つの細胞が膨張する。すると、罠にかかった獲物は絞め上げられ、身動きが取れなくなる。このようにして捕えられたセンチュウの体内に菌糸がゆっくりと侵入し、内部から消化・吸収してしまうのである。ときに暴れたセンチュウが体にリングをつけたまま菌糸を引きちぎって逃れることがあるが、結局、くっついたリングから体内へと伸びた菌糸によって絶命する。

他のタイプの罠ではどうかというと、粘着性のノブ型は、ノブの表面に特定の糖鎖に結合するタンパク質が分泌されており、これに触れたセンチュウがくっついて離れなくなる仕掛けになっている。また、3次元ネット型では、体をくねらせながら移動してきたセンチュウがこの罠の複雑な構造に絡みついて動けなくなる。

これらの多様な罠はどのように進化してきたのだろうか？　オルビリア類を用いた分子系統解析の結果、進化的に近縁な菌では罠の種類も類似していることが報告されている。[23]また、シンプルな粘着性のノブ型から、より複雑な3次元ネット型や絞まるリング型への進化が起こったのではないか、と考えられている。オルビリア類の進化と罠の多様化には深い関係がありそうだ。

菌が罠で捕える動物はセンチュウにとどまらない。大きさ1ミリメートルにも満たないワムシという小さな動物も捕食対象となる。これを捕えるのは、接合菌類の一種と考えられているゾーファグス・インシディアンスという菌だ。

この菌は、菌糸上に複数の短い枝（長さ20マイクロメートル）を等間隔に分岐させ、獲物が来るのを待ち構える。[24]近づいてきたワムシは釣り針にかかる魚のごとく、菌糸の枝に食らいついてしまう。食いついたワムシは枝から分泌された粘着物質にくっついて逃げることができない。この状況は、罠にかかったというよりは、釣り上げられたと表現したほうが正しいかもしれない。

ワムシが食らいつく枝は、研究者から「死のペロペロキャンディー」と呼ばれている。[12]もちろん、この場合おいしくいただかれてしまうのはキャンディーではなくワムシのほうである。ワムシは、その食らいついた枝から体内に侵入した菌糸によって、養分を吸い取られてしまう。

この菌のように、菌糸から短く分岐した枝でワムシを捕える菌は他にも知られており、たとえば、子嚢菌のセファリオフォラは、同様の方法でワムシやクマムシを捕食していることが知られている。[25]

武器を使う小さな猟師

罠のみならず、銃を使って獲物をハンティングする菌もいる。それはハプトグロッサと呼ばれる菌である。ただし、ハプトグロッサは菌とは言っても真菌類とは縁遠い「卵菌類」(いわゆる偽菌類として扱われる一群。羽型鞭毛と鞭型鞭毛の2本の鞭毛を持つ遊走子を形成する)

の仲間である。

この菌は「ガンセル」（写真3－12）という銃のような特殊な細胞をつくる。[12] この細胞にセンチュウやワムシが触れると、その体内にガンセル内の「原形質」（細胞質と核からなる細胞の中身）が目にもとまらぬ早業で撃ちこまれる。

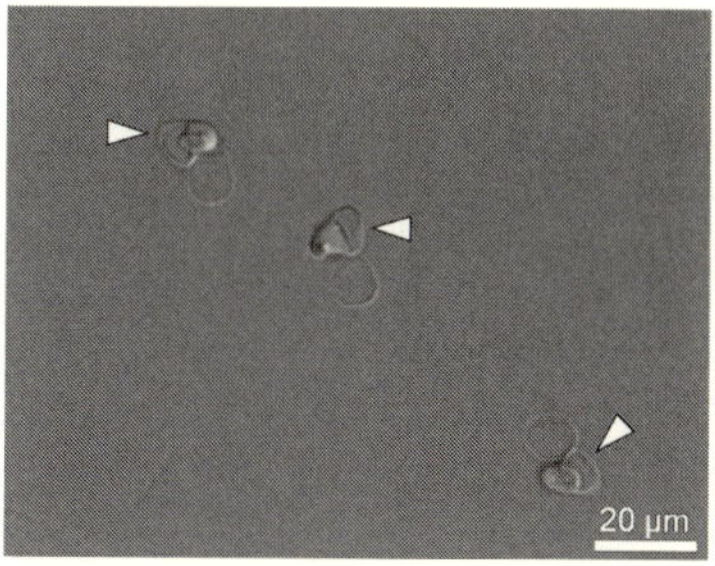

写真3－12　ハプトグロッサのガンセル（白矢印）（提供：計屋昌輝）

ガンセルの中にある獲物の表皮を貫くための弾丸のような構造が先にセンチュウの体表を貫いて穴を空け、そこを通って原形質が注入されるのである。センチュウがガンセルに触れてから原形質が撃ち込まれるまでにかかる時間は約1秒。まさに早撃ちの名手だ。

ガンセルの射出過程には二つの段階があることがわかっている。[26] センチュウがガンセルに触れると一段階目の射出が始まり、0・1秒でガンセルから小さな球状の宿主着生器が打ち出される。この段階ではまだセンチュウの体内に菌は入っていない。

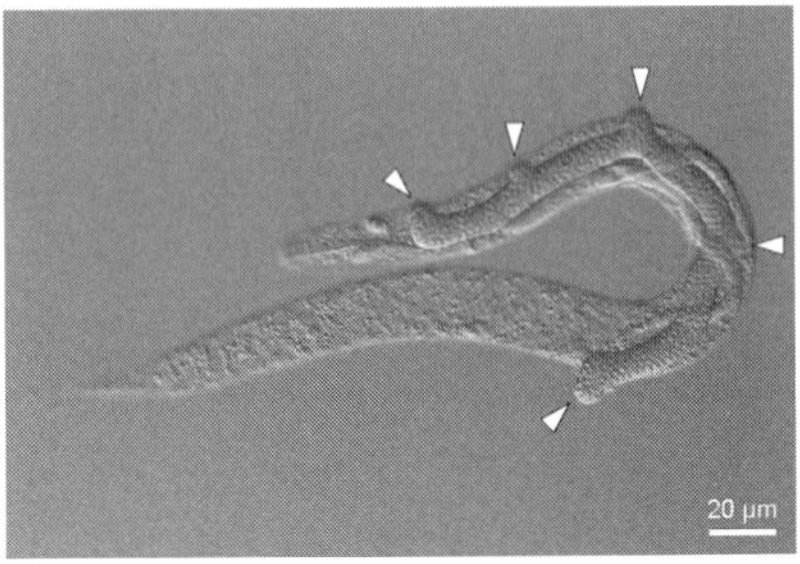

写真3–13　センチュウの体内で生長したハプトグロッサの菌体。こぶのような部分は遊走子の放出孔（白矢印）（提供：計屋昌輝）

二段階目として、０・２〜０・５秒で宿主着生器からセンチュウの体内に原形質が撃ち込まれる。打ち込まれた原形質はセンチュウの体内を消化吸収し、「菌体」と呼ばれる不定形の栄養体へと生長していく（写真3–13）。

獲物の体内で育った菌体は、やがて遊走子という細胞をつくり始める。この遊走子はすでに述べたように鞭毛を有し、自力で泳ぐことができる細胞である。成熟した遊走子は菌体から放出され、しばらく泳いだ後に休眠し、発芽してまた新たなガンセルとなる。土壌中や水中にばらまかれたガンセルは、また次の獲物を待ち伏せし、射程内に入った獲物に原形質を撃ち込むというわけである。

このように真菌類や卵菌類には、巧妙につくられた罠や銃を駆使し、人類顔負けの見事な狩りを行っているものがいる。その獲物はセンチュウやワムシ、クマムシなど、じつに多様だ。これらの小さな猟師たちの食卓は、さぞ豊かな食材で飾られていることだろう。

遺体に群がる菌類

罠や武器を使って動物を狩る菌もいれば、動物の遺体を「弔う」菌もいる。その名もずばり、トムライカビ（写真3–14）という。トムライカビは動物遺体の跡やその周辺の土壌で見つかる接合菌の一種で、日本でもアジアゾウの遺体を埋めた跡などから見つかったという報告がある。

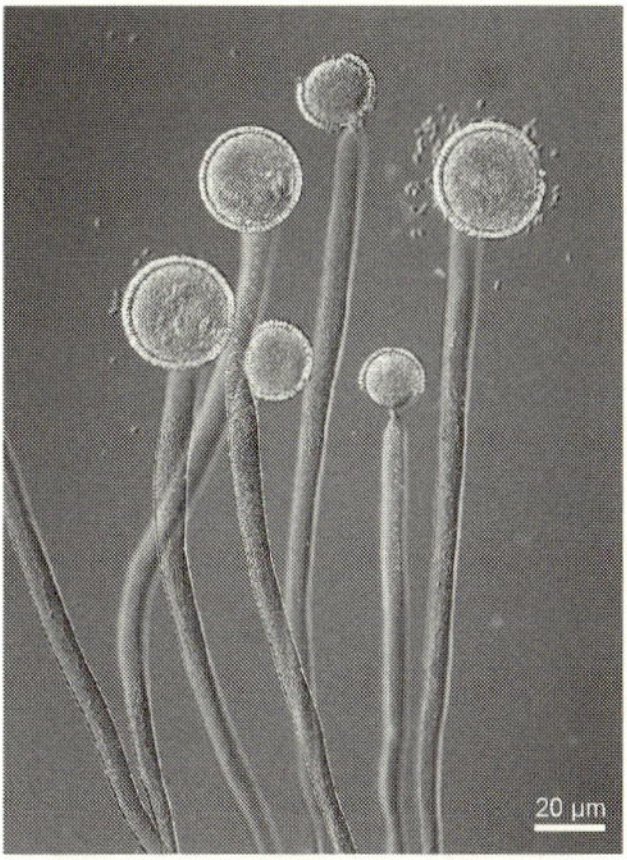

写真3–14　トムライカビの顕微鏡写真
（提供：出川洋介）

その名にたがわず厳かな姿をしており、立ち上がった菌糸の先端が膨らみ、その周りに多数の胞子を形成する。遺体の周辺にて、まるでその死を弔うかのように萌え立つ様は、トムライカビという名にふさわしい。

地上に美しい姿を現す一方、その下には朽ち果てた亡骸が埋まっている。遺体跡に出現するこのカビは、土の中で朽ちていく動物遺体から養分を得て生活しているように見えるが、実際はどうなのだろうか？

トムライカビが所属するロパロマイセス属には、人工培地で培養することが困難な種が多く、その栄養源についてもまだあまりわかっていない。とはいえ、一部の種で培養に成功しており、その生育条件が調べられている。

その一つがロパロマイセス・エレガンスという種だ。本種の胞子は細菌を含む培地に撒くことで発芽する[27]。そして、この発芽した菌糸を牛の肝臓からつくった培地に移植することによって、菌糸体の旺盛な生長と胞子の形成を観察することができた。

そこで、培地上に生える菌糸体に生きたセンチュウを与えてみたところ、なんとロパロマイセス・エレガンスはセンチュウの成虫ではなく、その卵を捕食し始めた。この時、ロパロマイセス・エレガンスは先ほど見たオルビリア類のような複雑な罠はつくらず、菌糸で卵の表皮を貫通して侵入し、内容物を消化吸収していた。

どうやら、活発に動くセンチュウの成虫は捕食対象とはならず、動かない卵ばかりがこの菌の犠牲となるようであった。ただし、のちの研究によって、この菌がセンチュウの卵のみならず、その成虫も捕まえる様子が観察されている。

いくつかの研究から、少なくともロパロマイセスの一部の種は、センチュウやワムシなどの微小動物を栄養源としていることがわかった。もしかするとトムライイカビ自体も動物遺体から直接養分を得ているというより、その周りに集まってきた土壌動物を捕食して生きているのかもしれない。やはり、自然界には見ず知らずの生物を弔ってやるような美しい話はそうそうないのだろうか。

トムライカビ以外にも、動物の遺体と関係の深い菌がいくつか知られている。その一つが「死体発見者」という、いかにも捜査一課に所属していそうな別名を持つキノコ、へべロマ・シルジェンセである。このキノコが属するワカフサタケ属の仲間には動物の遺体跡に生えるキノコがいくつか知られている。

遺体の埋まっている土壌から生えるという特徴から、これらのキノコは死体が遺棄されている場所を示す指標として犯罪捜査に応用できるのではないか、と期待されていた。しかし、ワカフサタケ属のキノコは慣れていないと見つけにくい上、発生時期も限られる。死体遺棄現場の目印として用いるのはあまり現実的ではなさそうだ[28]。

また、たとえキノコを発見できたとしても、その種を正確に同定するには専門的な知識が必要である。ワカフサタケ属キノコの犯罪捜査への応用に向けては、まだ道のり遠し、といったところだろうか。

菌類研究者としては、キノコの生態学的知見が犯罪捜査に活用される様を見てみたいものである。事件現場に颯爽と現れた「法医菌学者」が、そこに発生したキノコを手がかりに華麗に事件を解決へと導く。そのようなシーンは、まだ創作の世界でしかお目にかかれなさそうである。

身内でもお構いなし

ここまで、樹木、草本、昆虫、センチュウ、ワムシなど、様々な生物に寄生・捕食する菌を見てきた。この章の最後を飾るのは、ついに自分の身内にまで手を、いや菌糸を伸ばしてしまった菌の話だ。

キノコと言えば秋の味覚である。人間のみならず、森の動物たちも実りの季節に野山に生えるキノコを堪能する。ただし、この美味に酔いしれるのは動物たちだけではない。菌だってキノコを食べる。つまり、キノコに寄生する菌がいるのである。

菌に寄生する菌のことを「菌寄生菌」と呼ぶ。菌寄生菌が感染することで、キノコの色や形が健全なものとは似ても似つかない状態になることがある。

そのような菌寄生菌の感染によって現れる最も神秘的な形がタケリタケ（写真3−15）である。天をも突かんと伸び立つその姿は、猛々(たけだけ)しさを通り越してもはや神々(こうごう)しいほどである。タケリタケという名は1種の菌を指すものではなく、テングタケなどに子嚢菌ヒポマイセス・ヒアリヌスが寄生することで生じた奇形キノコに対する呼び名である[29]。

写真3−15　広葉樹林の林床に生えるタケリタケ（提供：谷亀高広）

ヒポマイセス・ヒアリヌスに侵されたキノコは、本来カサが開いて成熟するところこれが開かず、閉じたまま伸び立った格好となる。中には、キノコの柄の表面が鱗片(りんぺん)状に毛羽立ちながら伸長する荒々しい姿をした個体もある。この奇形キノコの表面はヒポマイセス

写真3–16　ベニタケ科のキノコ上に生じたヤグラタケ（提供：新井文彦）

の組織によって覆われ、全体的に褐色から肉桂色を呈する。

かの偉大な博物学者、南方熊楠をも魅了したとされるタケリタケは、現在でもしばしばネット上で注目を集めている。どうも日本人はこの奇形キノコが大好きなようだ。

他にも菌寄生菌には、ヤグラタケ（写真3–16）という城郭に備えつけられているかのような名前のキノコがいる。別名「乗っ取り犯」とも呼ばれるこのキノコは、[30]その名が表す通り、クロハツなどベニタケ科の子実体上に、高さ数センチほどの小さな白い子実体を生じる。

黒くどっしりとしたクロハツの上に白い愛らしいキノコがちょこんと乗っている様は、乗っ取り犯とはいえ大変かわいいものである。たまにカサの上ではなくヒダのある裏側から生えだす子実体もあり、なかなかアクロバティックなところもある。

このヤグラタケの菌糸体は寒天培地上で比較的容易に培養することができる。また、この手のキノコ類としては珍しく、培地上でも野外のものと同様の白いキノコを形成してみせてくれる。

自然生態系ではもっぱらベニタケ科の子実体上に発生するにもかかわらず、キノコ成分を含まない培地上でも平気で子実体をつくるとは、相手を選んでいるのか選んでいないのか謎なキノコである。

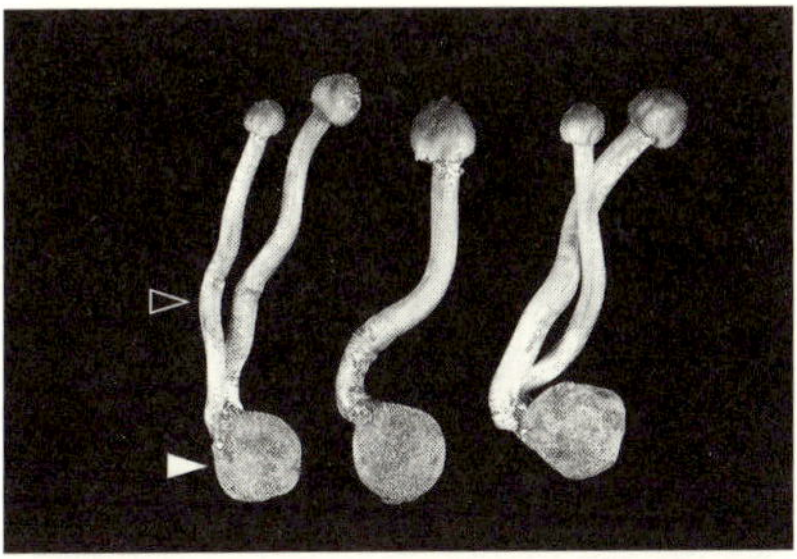
写真3–17 ツチダンゴ（白矢印）に寄生したタンポタケ（黒矢印）（撮影：細矢剛／提供：国立科学博物館）

ヤグラタケの詳しい生活史についてはまだわかっておらず、宿主となるキノコが菌糸の時からこれに寄生しているのか、子実体の形成を待ってから寄生するのかなど、感染のタイミングも不明なキノコだ。

トリュフなどで知られる地下にキノコを生じる地下生菌も、菌寄生菌の追跡からは逃れられない。タンポタケ（写真3–17）というキノコは地下生菌のツチダンゴ

写真3–18　ロブスターマッシュルーム（Scott Darbey CC-BY 2.0）

に寄生する菌寄生菌である。このタンポタケは昆虫に寄生してキノコを生じる、いわゆる冬虫夏草の仲間に近縁で、セミの幼虫に寄生する菌から進化したと考えられている[31]。

なぜ、セミの幼虫に寄生していた菌が、菌類という系統的にかけ離れた生物へと宿主を乗り換えることができたのだろうか？

その秘密は、これらの宿主の生態から解き明かすことができるかもしれない。セミの幼虫は土中の根から吸汁して生きているし、ツチダンゴは樹木の根に共生する菌根菌だ。どちらも樹木の根の近くにいる地下生活者である。こうした宿主の生息場所の共通性が、動物から菌類への界を飛び越えた乗り換えを可能としたのかもしれない[31]。

また、タケリタケを生ずる菌に近縁なヒポマイセス・ラクチフルオルムという菌寄生菌がいる。この菌はベニタケ科のキノコに寄生し、ロブスターマッシュルーム（写真3–18）と呼ばれる奇形キノコを生じる。

健全な状態では白色となるはずのベニタケ科のキノコが、ラクチフルオルムの寄生を受けることで赤褐色に変ずる。写真ではわかりづらいが、その様は、たしかに加熱調理されたロブスターのようにも見える。この奇形キノコは北米に産し、現地では食用として販売されているそうだ。

身内であるキノコに寄生する菌の貪欲（どんよく）さもさることながら、それをまとめて食ってしまう人間の食欲にも脱帽である。ロブスターマッシュルームは大変美味だということだが、いったいどのような味がするのだろうか。一度食べてみたいキノコである。

このように他の生物に寄生して生きる菌類には、その宿主以上に多種多様なものが見られる。これらの寄生菌類は、その宿主となる様々な生物と長い進化の歴史を共有してきた。当然、宿主にされてしまう動植物も菌類の寄生に対する防御手段を講じてきたが、寄生菌もその防壁を回避したり突破したりしてこれに対抗してきた。非常に複雑に見える寄生菌類の生態は、宿主との長い共進化の中で編み出されてきた「術（すべ）」でもあるのだ。

第4章　生態系を支える驚異の能力

分解者としての菌類

多様な生態で魅せる菌類だが、自然界での主な働きと言えばやはり有機物の分解であろう。筆者は、菌類の中でも特に強力な分解者である「木材腐朽菌」の多様性や生態に関する研究に取り組んでいる[1]。

木材腐朽菌とは、木材に含まれる難分解性のリグニンやセルロースなどを分解する能力を持つ菌類のグループのことで、主に担子菌や子嚢菌に含まれるキノコ類が該当する。

森で出会うキノコの多くは、この分解者としての菌類がつくった子実体である。店頭に並ぶシイタケやエノキタケ、マイタケなどは栽培化された森の分解者たちだ。

逆に言うと、すべてのキノコが木材や落葉を分解して栄養を得ているわけではなく、たとえばマツタケやホンシメジなどの外生菌根菌は樹木との共生関係を築いているのでここには入らない。同じキノコでも、その「生き方」は全く違うものなのである。

前章で見たような様々な寄生菌と比べると一見地味な木材腐朽菌だが、森林バイオマスの大部分を占める木材の分解を担っている分解者として、生態系を支える不可欠の存在である。

木材腐朽菌の中でも、筆者は特にアカキクラゲ類というグループを対象に研究している。オレンジ色や黄色をした鮮やかなアカキクラゲ類の子実体は、森の宝石と呼ぶに値する美しさがある（口絵参照、写真4−1、4−2）。姿形も様々で、キノコの形がどのように多様化してきたのかを研究する上でも注目に値する菌と言えよう。

写真4–1　ニカワホウキタケ

写真4–2　アカキクラゲ類の一種

もちろん、アカキクラゲ類の魅力は見た目の美しさだけではない。その木材腐朽菌としての進化史こそ、この菌を対象に取り組むべき面白い研究テーマである。

木材を分解するキノコ類の中で、アカキクラゲ類は最も古い系統の一つであると目されている。分子系統解析の結果から、アカキクラゲ類は3億6000万年前のハラタケ類（シイタケなどが属する、いわゆるキノコ類）との分岐以降[2]、木材の分解に特化した菌類として独自の進化を経てきたと推定されている。

木材腐朽菌としての長い歴史を持つアカキクラゲ類を研究することで、分解者としての菌類の進化史から、森林生態系の発達過程に新たな説明を加えられるのではないかと考えている。

木材腐朽菌に限らず、森の分解者としての菌類は、落葉や落枝、毛や羽毛などの生物遺体を分解して生きている。分解酵素を分泌し、低分子化された有機物を吸収しながら基質内に侵入していく細い菌糸は、自分の体よりも大きな物体を分解吸収するのにおあつらえ向きの構造だ。

読者の皆さんは学生のころに学んだ「生態ピラミッド」という概念を覚えておられるだ

ろうか。ピラミッドの底辺に植物などの生産者を置き、その上に草食動物などの一次消費者、さらに肉食動物などの二次消費者が積み重なっていく、生態系における食物連鎖の栄養段階を示した、あの図である。このピラミッドの最底辺に、分解者である菌類や細菌類を置く場合もある。しかし、多様な生物間の「食う食われる」の関係をより厳密に表すとすれば、単純なピラミッドよりももっと複雑なネットワーク構造としてとらえるのが妥当だろう。

つまり、菌類は生物の遺体を分解している分解者である、とは単純に言い切れない部分があるのだ。たとえば、我々が栽培キノコをおいしくいただいているのと同様に、森の中を徘徊する哺乳類や昆虫も地上に生じたキノコを食べている。また、キノコに限らず、落葉や倒木を分解している菌糸そのものも、土の中に住む小さな動物たちの良質な食料となっている。このように、有機物分解によって生長した体が他の生物に再利用されることから、菌類は二次的な生産者である、という見方もできる。

もっとも、こうした分解者としての菌類の生き様は、動植物はもちろん、第2章、第3章で見たような他生物とのあからさまなやり取りがある共生菌や寄生菌のそれに比べて、たしかに地味ではある。

しかし、そこには生態系の物質循環を根底から支える凄(すご)みがある、といったら贔屓(ひいき)のしすぎだろうか。だが、その証左に自然界には我々の想像を絶する分解能力を有した菌類がたくさん潜んでいる。第一、生物進化史上、植物がつくる難分解高分子リグニンを分解できる菌類の登場は、現在の陸上生態系の姿を決定づけたといっても過言ではない重要なイベントであった。その末裔(まつえい)が森林生態系の強力な分解者として、いまも活躍しているのである。

多種多様な動植物の住処となっている美しい森林も、ひいては我々が生きているこの陸上生態系も、大きな目で見れば分解者としての菌類の働きによってつくられ、支えられているのである。

分解者にも好みがある

すでに述べたように、他の生物には利用できない難分解性の植物バイオマスを分解できる菌類は、他に並び立つ者がいない優秀な分解者だ。このように、主に倒木や落葉など植物遺体の分解者として語られることの多い菌類だが、中には動物の遺体を嗜好するものも当然いる。ケラチンを分解して生活しているホネタケ類と呼ばれる子嚢菌の一群はその好例だろう（写真4−3）。

ケラチンとは、毛髪・爪・ひづめ・角・羽毛などを構成する硬タンパク質の総称で、水に溶けにくく非常に安定的な物質である。つまり、生物の遺体を構成する物質の中でもかなり分解が難しいものだと言える。「分解者としての菌類」というと、一種類の菌が何でもかんでも分解できるように思われるかもしれないが、実際は菌によって、リグニンの分解に秀でていたり、ケラチンの分解に特化していたりなど、得意分野が違うのである。

写真4–3　羊の角に生じたホネタケの仲間

そのような動物遺体を分解する菌類の中でも特に変り種が、カタツムリの殻にばかり出現する菌だろう。ニュージーランドで発見されたこの菌は、2015年に子嚢

写真4–4　ヌリツヤマイマイ科の殻に生じたハロレププの子嚢果（左、白矢印）と顕微鏡で見た子嚢胞子（右）（提供：NZFungi, Landcare Research）

菌の一種として新種記載された[3]。

カタツムリにばかりに出るという特異な生態にちなみ、この菌にはニュージーランドの先住民族マオリの言葉で菌を意味する「ハロレ」とカタツムリの意の「ププ」を合わせた、ハロレププという属名がつけられている。和名にするとすれば、さしずめ「マイマイカビ」といったところだろうか。

マイマイカビは死んで空（から）になったカタツムリの殻に定着し、その表面に黄色い「子嚢果」（子嚢菌類の有性胞子をつくる子実体）を形成する（写真4–4）。これまでに得られているマイマイカビの標本は、すべてヌリツヤマイマイ科に属する2種のカタツムリの殻から見つかっている。

ありとあらゆる生物を宿主とする菌類であるが、カタツムリの殻に住んでしまう菌はなかなかいないのではないだろうか。爬虫類にはカタツムリばかり食べているヘビがいるが、(4)菌類にもカタツムリのことが大好きなカビがいるのだ。カタツムリ好きのヘビとカビ、自然界とはなんとも不思議である。

分子系統解析の結果、マイマイカビはケラチンを分解するホネタケ類に近縁であることがわかった。カタツムリの殻はケラチンを炭酸カルシウムが覆った構造でできているそうだ。もしかしたら、マイマイカビはカタツムリの殻に含まれるケラチンを分解することで養分を得ているのかもしれない。そうだとすると、役割としても動物の遺体を分解するホネタケ類に近いが、それにしても、あまりにもニッチな対象を住処として選んだものである。

では、特定のカタツムリのみを宿主としていることにも何か理由があるのだろうか？　マイマイカビの宿主であるヌリツヤマイマイ類の殻は、他のカタツムリに比べて分厚く、ケラチンの含量が高いことがわかっている。もしマイマイカビがケラチンを糧としているのであれば、その含有量の多い殻に好んで住んでいることにも合点がいく。

ちなみに、現在、ニュージーランドでは捕食や攪乱（かくらん）（生態系を乱す外的要因）によってヌリツヤマイマイ科カタツムリの大量死が起こっているそうだ。その結果として、林床にはカタツムリの成れの果てである殻が無数に落ちているという。この状況は、マイマイカビにとっては居住可能な空き家がたくさんあるということを意味する。このような環境下でマイマイカビが増えたことが、かつてはまれであったこの菌の発見につながったのだろう。

大量死はカタツムリにとっては災難だったが、その殻を住処とするまれな菌の発見につながったという意味では、菌学者にとっては僥倖(ぎょうこう)であった。こんなヘンテコな生態の菌を発見し、新属新種として記載できるなんて、うらやましい限りである。

しかし、このままカタツムリの大量死が続けば、マイマイカビの宿主の減少、悪くすれば絶滅ということにもなりかねない。もしそうなれば、マイマイカビの生息に適した殻の供給が途絶えてしまうことになり、菌の存続も危うくなってしまう。

現地の研究者らはそのような最悪のシナリオを想定し、大量死の渦中にあるカタツムリとともに、それを宿主とするマイマイカビについても保護の必要性を訴えている。願わくは、マイマイカビが宿主もろとも絶滅する、という結末だけは避けたいものである。

プラスチックを食べる菌類

第2章で岩をも溶かす菌のことを紹介してしまったので、いくら分解が難しいとはいえ自然界に元からあるものを分解するだけなら、さほど驚かないかもしれない。だが、菌類の中には人間が人工的につくり出した物質まで分解してしまうすごい種類がいる。

その人工物が不要となった後の処理に困るようなものであれば、こちらとしては願ったり叶ったりではないだろうか。その物質というのは、ずばりプラスチックである。

石油を原料とするプラスチックは、建材や電化製品、家具、衣類など様々な製品に使用される合成樹脂である。腐食に強く、安価で加工も容易なため世界中で使用されているが、自然界ではなかなか分解されないのが難点である。そのため、排出される膨大な量の廃棄物が問題視されている。

一部はリサイクルされているものの、埋め立て地や自然環境中に廃棄されたプラスチックは長期間分解されずに残存し、土壌や海洋環境における汚染の原因にもなっている。

この難分解性プラスチックを分解できる菌類の探索が、高い生物多様性を誇るアマゾン

熱帯雨林にて進められている。(5)

この研究では、まず、南米エクアドルで採取された様々な樹木の枝から「内生菌」59菌株（培養されている菌糸体）を分離した。なお、内生菌とは生きた植物に病気を起こさずに感染している菌類の総称である。

続いて、得られた菌株がプラスチックを分解する能力を持っているかどうかを確認するため、プラスチックの一種であるポリウレタンを含む培地を用いた分解実験が行われた。その結果、59菌株中18菌株がポリウレタンを分解できることがわかった。さらに、その一部はポリウレタンのみを炭素源（栄養源）として生育が可能であることが明らかとなった。

次章で詳しく述べるが、一般的に菌類の胞子が発芽するためには水が必要である。そして、発芽後の菌糸が生長を続けるためには、何らかの炭素源がなければならない。つまり、この実験で見つかった菌は、ポリウレタンを分解し、そこから栄養を得て生育できるということなのである。

ポリウレタンを分解できる菌の能力を比較してみたところ、ペスタロチオプシスという子嚢菌の一群が良好な成績を収めた。その中でも、ペスタロチオプシス・ミクロスポラと同定された2株が特に興味深い性質を有していた。

この2株は、酸素がある場合と同様、酸素がない場合でもポリウレタンを唯一の炭素源として生長することができたのである。じつは、これまでにもポリウレタンを分解できる微生物は多数報告されていたが、これらの分解能力は酸素がある状況の下で確認されたものだった。

つまり、この研究で得られたペスタロチオプシス・ミクロスポラの2株は、酸素がないところでもポリウレタンを分解できる微生物として初めての報告なのである。

このような性質を持つ菌は、埋め立て地の底層のような酸素が極めて少ない環境においてもプラスチックを分解できる微生物として活用できる可能性を秘めている。

それにしても、樹木の中で内生菌として生きていたペスタロチオプシスが、なぜ人工的につくられたポリウレタンを分解できるのか、不思議に思われるかもしれない。これについては定かではないのだが、おそらく、別のことに用いられていた酵素がたまたまポリウレタン分解活性も持っていた、ということなのではないだろうか。

このように、菌類の中でも内生菌は多様性や生態に関する研究が進んでいないグループの一つであり、今後さらなる発見が見込まれる分野でもある。植物の体中でひっそりと生きている内生菌の探索から、このような予期せぬお宝の発見が飛び出すこともあるのだから菌類研究は奥深い。

有毒物質もなんのその

もっとすごいのは、土壌汚染に関わる様々な有毒物質まで分解、あるいは吸収してしまう菌だろう。人間の活動によって引き起こされる土壌汚染の原因物質としては、ダイオキシンやＤＤＴ（ジクロロジフェニルトリクロロエタン。かつて殺虫剤や農薬として使用されていた）などの化学物質、鉛やカドミウムなどの重金属、セシウムやストロンチウムなどの放射性物質などが挙げられる。

これらの汚染物質が土壌中に拡散してしまうと、人の手で物理的に取り除くことは極めて難しい。そこで、登場するのが菌類である。彼らの中には、土壌中の汚染物質を無毒化、もしくは除去できる可能性を有したものがいるのだ[6]。

生物の力を借りて汚染された環境を浄化する技術のことを「バイオレメディエーション」

という。特に、菌類を用いたバイオレメディエーションは「マイコレメディエーション」と呼ばれている。ここでは、汚染物質の無毒化、除去に活用できる可能性を秘めた菌類を紹介するとともに、近年取り組まれているマイコレメディエーションに関する研究について見ていきたい。

菌類が生産する分解酵素には、本来分解の対象となっている物質のみならず、構造がよく似た汚染物質に対しても分解能力を発揮するものがある。[6]

じつは、先に見た木材腐朽菌が生産するリグニン分解酵素もそのような酵素の一つだ。これらのリグニン分解酵素を持つ木材腐朽菌は、担子菌のハラタケ類や子嚢菌のクロサイワイタケ類などのキノコ類に多く見られ、リグニンに構造がよく似た有機汚染物質を無毒化することができる。[7]

中でも特に注目されている菌がファネロケーテ・クリソスポリウムという担子菌である。この菌は、ＤＤＴやダイオキシン、ＰＡＨ（多環芳香族炭化水素。化石燃料の燃焼等で生じる化学物質で、一部のものが発ガン性を有する）などの処理に有効であることが確認されている。[7]

少し話はそれるが、木材腐朽菌がリグニンを分解する能力を利用し、植物バイオマスからリグニンを取り除くことでバイオエタノールを生産しようという試みもある。菌類の木材を分解する能力は、有機汚染物質の除染にとどまらず、エネルギー問題の解決策としても注目されているのである。

一方、分解とまではいかないが、菌類がものを吸収する性質を利用して有毒物質を除去する試みもある。たとえば、あるキク科植物の根にグロムス菌類が共生すると、土壌からニッケルを吸い上げて、植物体内に蓄積する効率が上昇することがわかっている[8]。特に、リゾファグス属の一種を人工的に共生させた場合に高い効果が得られたという。

また、放射性物質に汚染された土壌の改善にも菌類が活用できるかもしれない。野菜に特定の内生菌を感染させることで、根からのセシウム吸収量が変化することが報告されているからだ[9]。

この研究は、4種の内生菌をそれぞれハクサイとトマトに感染させてセシウムを添加した培地で培養し、内生菌感染の有無と植物によるセシウム吸収量の関係について調べたものだ。

実験の結果、2種類の内生菌を感染させたハクサイが体内により多くのセシウムを蓄積するようになり、逆に内生菌を感染させたトマトはすべてにおいて、体内へのセシウムの蓄積量が減少していた。

これらの内生菌が、植物体内へのセシウム蓄積量の変化にどのように関わっているのか、その詳細なメカニズムの解明が待たれる。

菌類を使ったマイコレメディエーションについては、このように実用化に向けた基礎的な知見が着々と蓄積されてきている。しかし、まだ解決すべき点も多く、実用化に近づけていくには土壌とそこに生きる生物の働きについて、より理解を深めていく必要があるだろう[7]。

もちろん、菌類そのものの多様性や生態を解き明かしていく地道な研究の積み重ねが最も重要なのは言うまでもない。菌類の膨大な未知なる多様性の中に、我々の実生活に役立つ「菌の卵」が隠れているかもしれないのだから。

化石が語る太古の姿

　ここまで見てきたように自然界には様々な分解能力を持った菌類がおり、彼らなくしては生態系の物質循環が滞り、他の動植物の存続も危うくなるということがわかっていただけたのではないだろうか。

　それは逆に言うと、分解者として進化を遂げてきた菌類によって、我々が生きている現在の陸上生態系が構築されてきたということを示してもいる。生態系や進化史というスケールでとらえれば、生物遺体を分解する菌類の重要性がおのずと見えてくるはずだ。

　そのことがよくわかる面白い仮説がある。ただし、より理解が深まるように、その前に少し菌類の化石の話をしたい。

　地球上に生きている生命は、現在まで幾度もの絶滅を経験してきた。顕生代（約5億4100万年前～現在）に入ってから合計5回の大量絶滅があったと言われている。このうち最も有名なのは、恐竜が絶滅した約6600万年前の白亜紀末期の大量絶滅だろう。

　過去に起こった絶滅の痕跡は、地層中の生物化石を調べることで見えてくる。様々な年代の堆積物から構成される地層を比較することで、どの時代にどのような動植物が生息し、いつごろそれらが息絶えたのかについて考察することができる。

このような過去の生物相を復元する試みには胸躍るロマンがある。生物の進化史をひもとく作業において、唯一の直接証拠と言えるのが化石だ。博物館に展示されている恐竜や樹木の化石を閲覧し、太古の生態系に思いをはせる時間は、悠久の時を飛び越えるタイムスリップ体験を我々に味わわせてくれる。

同様のアプローチで菌類の祖先について考察することは可能だろうか？　残念ながら、博物館に展示されているような大型動植物に比べ、菌類の化石記録は非常に少ない。やわらかくて水っぽいキノコはすぐに腐ってしまうし、微小な胞子や菌糸は古生物学者に見過ごされがちである。

ただ、報告数は少ないものの、菌類の化石に関する研究はちゃんと進められている。たとえば、琥珀に封入された状態で見つかったクヌギタケに似たキノコ、プロトマイセナの化石[10]（口絵参照）や、デボン紀の地層から発掘された木材腐朽菌類や地衣類、ツボカビ類に似た菌など、これまで様々な菌類化石が報告されている[11][12][13]。

これらの菌類と考えられている化石の中で最も興味深いものがプロトタキシーテスであ

図4–1　プロトタキシーテスとヒトの大きさの比較

る（図4–1）。これは、デボン紀の地層から発掘された直径1メートル、高さ8メートルにもなる円筒形の化石だ。

1857年になされた最初の報告では、プロトタキシーテスの化石は部分的に腐朽した針葉樹の一部であるとされていた。しかし、その後研究が進むことで、この化石の正体について諸説入り乱れるようになる。地衣類や藻類であるとする説や、さらには苔類と微生物の複合体であるとする説などが出ているが、まだ決定的な結論には至っていない。

そのような中、とある論文がプロトタキシーテスは菌類であると主張している。この研究では、化石の微細な構造や化学的な組成を調べた結果、植物のように自力で有機化合物をつくりだせる生物ではなく、従属栄養生物、おそらく菌類であると結論している[14]。

もし、この説が正しいとすると、プロトタキシーテスは菌類がつくる地上に直立した構造物として史上最大のものになるだろう。まだ大型の樹木が登場していなかった時代、地上に伸び立つ8メートルの菌類という画は、相当シュールだったにちがいない。

大絶滅と菌類

このように菌類の化石研究は、その種同定からしてすでに難易度が高い。ましてや、数億年前の過去に起こった地史的イベントを菌類化石から説明することなどほとんど不可能のように思える。しかし、そのような微生物の化石を調べることで、当時の地球環境のありようを読み解く試みがなされているのだ。

そのような研究の一つに興味深い地層の報告がある。それは、"fungal layer"と呼ばれる、菌類の胞子や菌糸の化石が高密度で含まれている地層である。[15] 以降、"fungal layer"を「菌層」と呼ぶ。

菌層は、白亜紀末期に起こった大量絶滅の直後に形成されている。もう少し正確に言うと、大量絶滅の引き金となったとされる隕石の衝突後、これに由来するイリジウムの含有率がピークを迎えるあたりで、菌類の胞子や菌糸の密度が明らかに増加しているのだ。

菌層より前の地層では菌の胞子はほとんど見られず、そのかわりに多様なシダ植物の胞子や樹木の花粉が高密度で検出される。大量絶滅前にこれらの植物が生い茂っていた証だろう。

また、菌層は地史的には比較的短い期間、おそらく数年で終了しており、その後は再びシダ植物の胞子や針葉樹の花粉など植物に由来する化石の密度が上昇する。どうやら、白亜紀末期の大量絶滅後に何らかの理由で菌類の大繁殖が起こり、そののちにまた元の植生が復元したようである。

大量絶滅直後の菌類の大繁殖は一体何を意味しているのだろうか？　研究者たちがまず考えたのが、絶滅によって大量の生物遺体が生じ、次いでこれを分解するために菌類が大繁殖したのではないかという可能性だ(15)。

一方、さらに大胆な仮説もある。白亜紀末期の菌類の大繁殖が、恐竜の絶滅とその後の哺乳類や鳥類の繁栄に少なからず影響を与えたというものだ(16)。哺乳類や鳥類は恒温動物と呼ばれ、自らの体温を一定に保つことができる。これらの動物は高い体温を保持することが可能であり、その結果、空気中から吸い込んだ胞子による感染のリスクを下げている。

一方、爬虫類や両生類は変温動物と呼ばれ、外部の温度により体温が変化する。

この仮説の主張するところは、もし、恐竜が現生の多くの爬虫類と同じような変温動物だったとすれば、高い体温を維持することができず、菌類の感染にも比較的脆弱だったのではないか、ということだ。菌類の大繁殖によって空気中の胞子密度が上昇している環境下では、高い体温を維持できる動物のほうが生存に有利だったという理屈である。ただし、恐竜にも高い体温を保持する機能があったとする説もあることから、この仮説は面白いが鵜呑みにはできない。

興味深いことに、ペルム紀に起こった大量絶滅直後の地層からも、白亜紀末期の菌層と似た地層が報告されている[17]。これらの結果を見ていると、生物の大量絶滅と菌類の大繁殖との間に一定の関係があるように思えてくる。

ただ、このペルム紀の菌層については、藻類の細胞を菌類の胞子と誤同定したのではないか、との指摘もある[18]。そうだとすると、このペルム紀の地層は菌層ではなく「藻層」と呼ぶべきであり、その成因についてはまた別の考察が必要となるだろう。

化石から得られる限られた情報にもとづき、数億年前に起こった地史的なイベントを再現することはなかなか難しい。

かつて、最古のキノコ化石と考えられていたジュラ紀（約2億1300万年〜1億4500万年前）のサルノコシカケに似た化石が、じつはナンヨウスギという樹木の一部だったということが、のちの研究で明らかとなった事例もある[19]。

菌類の化石研究では、目に見える大きさのキノコですらこのような誤同定があるのだ。ましてや、菌層に関する研究は数億年前の微生物の化石を同定し、過去に起こった現象を再現しようという試みである。曖昧な部分や思い込みが多分に入ってしまうことは否めない。

しかしながら、原因はまだ明らかではないにせよ、白亜紀末期の大量絶滅直後に菌類の大繁殖があったことについては、いまのところ確からしい。この菌層の後、間を置かずにシダ植物や針葉樹などの陸上植物の化石が再度出現し始める。

菌類と植物の地層の重なりが物語っているのは、大量絶滅後の菌類による大掃除と生態系の再生の記録なのだろうか。それとも、我々の想像を超える太古の生態系の営みを映し出しているのだろうか。

この章では主に分解者としての菌類について見てきた。倒木や土の中で有機物を分解している菌類は一見地味であり、取るに足らない存在のように感じられるかもしれない。しかし、生態系や進化という大きなスケールで見ると、他の生物には成し得ない生態系の分解者としての重要な働きが見えてくる。分解者としての菌類の進化は、石炭紀を終わらせ、大量絶滅後の生物遺体を分解し、我々の住んでいる生態系をつくり上げてきたと考えられている。

いまこの瞬間も、これらの分解者は豊かな生物相を誇る陸上生態系を陰で支えているのである。もし、街の植え込みや公園などで小さく地味なキノコを目にした時は、これらの小さな分解者が成し遂げてきた大仕事にも思いをはせてみてほしい。

第5章 人類にとって菌類とは何か

人類に感染する菌類

ここまで読んでいただいた方には、菌類の多様な形や生態の面白さ、生存戦略の巧みさなどとともに、生態系における重要さについても知っていただけたのではないかと思う。

その一方で、本書に登場した菌類の多くは、あまり馴染みがない、どこか遠い存在のように感じられる部分もあったかもしれない。そこで、この最後の章ではもう少し人間の活動に関わりが深い菌類たちに目を向けてみたい。

目に見えない微生物である菌類の働きを実感し、身近に感じることはなかなか難しい。我々にとって最も近しい菌類と言えば、日々の食卓に並ぶ栽培キノコたちだろう。もう少し視野を広げれば、味噌や醬油、日本酒の醸造に用いられている麴(こうじ)菌や酵母なども目に入るかもしれない。

これらの「一般的な」菌類の話については、すでに多くの出版物があるのでそちらに譲るが、それ以外にも菌類は様々なところで人間と関わりを持っている。本章では、その中からとりわけ興味深いものについて見てみよう。

菌類の中には、人類に役立つものもいれば、害をなすものもいる。代表的なものは、人間や家畜、農作物に害をなす病原菌、あるいは食品や衣類、住環境を汚染するカビなどであろう。

普段あまり気にしている人はいないだろうが、人は日常的に、空気中に漂う無数の菌類の胞子を吸い込んでいる。とはいえ、過剰に心配する必要はない。あまり気分のいいことではないが、菌類が人体に感染できる条件が揃っていたり、吸い込む胞子の量が限度を超えたりしない限り、それほど深刻なことでもないからだ。ほとんどの菌類の胞子は人の体温付近では発芽・生長できないし、体内の免疫を突破することができないため、やがて死滅してしまう。

ただし、体力の消耗や免疫力の低下により、菌類による肺や気管支への感染を許してしまうことがある。よく知られているのは、肺スエヒロタケ感染症を引き起こすスエヒロタケ（縁起のいい名前とは裏腹だが）やヒトヨタケなどのキノコ、あるいはアスペルギルス症の原因となるコウジカビの仲間だろう。また、人にとって致命的ではないが、第2章で述べた水虫を起こす白癬菌や、フケの原因となるカビなど、あまり身近にはいてほしくない菌もいる。

スエヒロタケやコウジカビなどのどこにでもいる菌類が人の肺に感染するという事実は、それだけでなかなかの恐怖だ。もっとも菌類による感染症の報告例は細菌やウイルスなど他の病原体に比べると限られているので、普通に暮らしている分にはあまり縁がないはずである。ただ、そうやって見過ごされている感染例もあるかもしれないので、キノコやカビが人に感染することもある、という事実を知っておいて損はないだろう。

先ほども述べたが、アスペルギルス症の原因となるコウジカビは味噌や醤油、酒づくりに用いられる種類を含んでおり、日本人にとって最も身近なカビの一つである。このような発酵食品の製造に使われる一方、食品に生えてマイコトキシン（カビ毒）を生産するコウジカビの仲間もいる。マイコトキシンの多くは熱に強いため、加熱処理によって菌を死滅させた後も毒性を持ったまま食品中に残存する。カビが生えたものはむやみに食べないほうがよいだろう。

また、普段の生活で注意したいのは、クロカビやアルタナリア、アオカビのように、人の住環境で増殖し、乾いた胞子をたくさん空気中に散布するタイプのカビだ。これらの胞子はアレルゲンとなって人にアレルギーを引き起こすことがあり、シックハウスの主な原因ともなっている。気密性の高い室内で除湿をおろそかにしていると、これらのカビが大繁殖してしまうので注意が必要だ。

考古学者もお手上げ

自分が住んでいる部屋の壁や畳(たたみ)が菌の住処になるのも十分迷惑な話だが、部屋の壁にカビが生えてしまった場合は、壁紙を張り替えればとりあえず解決する。

しかし、たとえば、歴史的に重要な遺物に一度カビが生えてしまうと、新しいのに取り替えれば済む、というわけにはいかない。このような唯一無二の文化財に発生するカビ害は、人類にとって取り返しのつかない損失につながることもある。

日本にも国宝級の歴史的遺物を汚染した、考古学者泣かせのカビの話がある。奈良県のキトラ古墳や高松塚古墳の石室内には、7世紀末ごろに描かれたとされる素晴らしい彩色壁画が保存されていた。しかし、発掘調査以降に生じたカビ害により、この考古学的に重要な壁画が汚染されてしまったのだ。

当時の記憶をたどれば、石室内にカビが発生したため緊急の保護修復が必要である、とする報道があったことを思い出す。発掘後の環境の変化によって、不運にも石室内にカビが繁茂できる条件が整ってしまったのだろう。

キトラ古墳石室内でのカビの発生が問題となったのは、発掘調査が行われた2004年のことだった[1]。この時の調査で検出された主要な菌は、トリコデルマ（写真5−1）、アオカビ、フザリウムなど、土壌中にごく普通にいるようなカビたちだった。

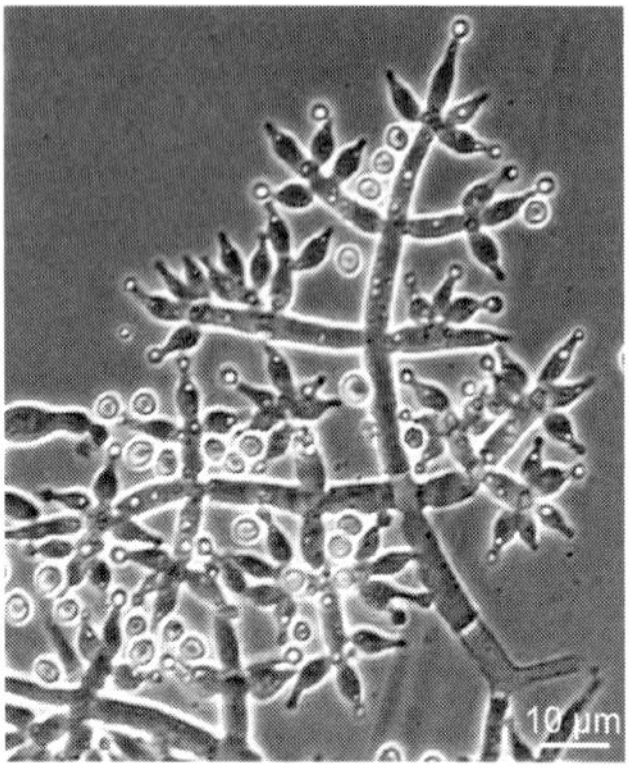

写真5–1　トリコデルマの顕微鏡写真

続く2005年の調査時には、新たにフィアロセファラやペシロマイセスなどのカビが検出された。これらのカビも割とどこにでもいる菌である。さらに、2006年以降は黒い粒状の菌核を形成する担子菌ブルゴアや、黒色のアクレモニウムなど暗色系の菌類が確認されるようになる。

このように、キトラ古墳では時間の経過に伴って石室内の菌類の種組成が変化していく傾向が見られた。これと同様の傾向が、高松塚古墳の石室内やフランスのラスコー洞窟内でも観察されている[1]。

石室内におけるカビ対策の初期段階では、アルコール系の殺菌剤が使用されていた。しかし、カビ対策と言えばアルコール殺菌という世間一般の常識は通用しなかった。一部の微生物が、アルコールを資化（栄養源とすること）して逆効果となってしまったからである。そのため、アルコール系の殺菌剤はのちに限定的な使用にとどめられるようになった[1]。

一方、カビの発生が問題視され始めた2004年以降、キトラ古墳の石室内から壁画を剝ぎ取り、別の場所に移送して修復するための作業が開始されていた。この移送作業の後、石室内では微生物の増殖を抑制するために紫外線の照射が試みられている。

しかし、こちらもアルコール系の殺菌剤と同様、決定的な解決策とはならなかった。紫外線の照射後、メラニン色素を有する黒色系のカビが相対的に多く検出されるようになったのである。これらの菌類は、無色のカビに比べて紫外線への耐性が高いため、照射後も生残することができたと考えられている[1]。このように、石室内の菌類には、カビ対策として講じられる常法がことごとく通用しなかった。

このキトラ古墳におけるカビ害対策の一連の流れから、我々はいくつかの教訓を得ることができる。つまり、アルコール系殺菌剤や紫外線照射という常套手段が必ずしもすべての菌類に有効ではないこと、古墳内の石室のような、容易に解体できず湿気もたまりやすい環境で繁茂し始めた微生物を制御することは並大抵のことではないということである。歴史的遺物に生えるのだから思い切った対処もしづらいところが悩ましい。

石室内から剝ぎ取られた壁画は、現在、空調の効いた室内での補修作業が行われている。壁画の鮮やかな色彩がどこまで復元できるのか見当もつかないが、可能な限りその考古学的価値を取り戻してもらいたいと切に願っている。

驚くべき食の幅広さ

遺跡内の壁画も恐れ入るが、それよりももっと意外な場所で意外なものを食べている菌がいる。飛行機を飛ばすためのジェット燃料を糧としているカビがいるというのだ。そんな菌がいるなんて何かの間違いではと疑いたくなるが、本当にいるのである。

この悪食(あくじき)の菌が発見されるきっかけとなったのは、航空機の燃料タンクに小さな穴が空き、ジェット燃料が漏れ出したという報告だった。燃料漏れの原因を特定するためにタンク内を調べたところ、底に溜まっていた水の中から菌糸が検出されたのである。タンク内から得られた菌は、さっそく同定が試みられ、若干の紆余曲折があった末にクラドスポリウム・レジネというカビの一種であると結論づけられた。

常識的に考えて、石油から精製されたジェット燃料やアルミニウム合金からなる燃料タンクにカビなど生えないように思われる。しかし、燃料入りのタンク内でたしかにカビが生育していたのである。関係者はかなり驚いたのではないか。

では、このカビは、燃料で満たされたタンク内でどうやって生存していたのだろうか？ これを調べた研究がある。(2) この研究では、実験の第一段階として、胞子をフィルター膜に付着させ、ジェット燃料に浸した状態で発芽するかどうかが確かめられた。3ヶ月間観察が続けられたが、その間胞子の発芽は認められなかった。

前章で述べたように、一般的に菌類の胞子が発芽するためには水が必要である。クラドスポリウム・レジネも、他の菌類と同様、さすがに燃料に浸った状態では胞子は発芽できないのだ。

だが、実験の第二段階で興味深いことが起こった。燃料に浸した胞子つきのフィルター膜を水分の豊富な寒天培地の上に置いて培養したところ、14日後にクラドスポリウム・レジネの旺盛（おうせい）な生長が認められた。つまり、このカビの胞子は、燃料に浸された状態では発芽できなくても、その後、適した条件が与えられれば、発芽し生長することができるということである。

しかし、たとえ発芽できたとしても、発芽後の菌糸は何らかの栄養源がないと生長を続けられない。ということは、発芽の後、菌糸は燃料を栄養源として生長したのだろうか？

この疑問に答えるため、ジェット燃料を含んだ液体培地と、燃料を含まない液体培地を用意して、胞子を撒いて培養するという実験が試みられた(2)。結果、ジェット燃料を含む液体培地でのみ、発芽・生長が観察された。

これらの実験結果から、クラドスポリウム・レジネの生活史の一部が見えてきた。おそらく、燃料タンク内に結露などでたまった水の中で胞子が発芽し、燃料の主成分である炭化水素を栄養源として菌糸が生長していたのだろう。飛行機の燃料タンク内で発芽・生長できる菌は存在したのである。

では、このクラドスポリウム・レジネがアルミニウム合金製の燃料タンクに穴を空けた張本人だったのだろうか？　じつはこれについても、水と燃料、アルミ箔を入れた試験管を用いた培養実験が行われ、実験後のアルミ箔に腐食が起こっていることが確認されている。[2]ただ、燃料タンク内から見つかった微生物はクラドスポリウム・レジネだけではなく、他の真菌類や細菌類なども検出されている。[3]燃料タンクの腐食メカニズムを解明するためには、これらの多様な微生物の存在も考慮していかなくてはならないだろう。

しかし、飛行機のジェット燃料まで栄養源にできる菌類が存在することには変わりない。歴史的遺物の壁画から、人類の技術力の結晶とも言える飛行機の燃料まで糧にしてしまう、菌類の食の幅広さには驚かされるばかりだ。

発酵と不思議な縁

このように人類は、日常生活のみならず、遺跡の壁画や飛行機の燃料タンクなどの意外なところでも菌類と日々戦っている。その一方、これらの微生物の働きを実生活に役立ててもいる。

すでに何度も述べているように、野菜売場で目にする色とりどりの栽培キノコは、最もわかりやすい人類による菌類利用の結果だ。日常的に口にする味噌、醤油、日本酒も、コウジカビや酵母の力を借りて完成される食品である。もし、日本人の食卓から菌類とその生産物が消えてしまったら、食事の楽しみの大半が失われてしまうのではないだろうか。ワインやブルーチーズ、パンをつくる時も菌類の働きが欠かせないので、西洋人とて嘆き悲しむに違いない。

酒、味噌、醤油、ワインやパンなどをつくる時に利用される菌類の力を「発酵」という。はるか昔から、この不思議な微生物の働きを人類は大いに利用してきた。そもそも酒造りは最も古い発酵技術の一つで、その土地の風土や伝統、もちろん微生物とも密接に関わりあって磨かれてきた技だ。腐りやすい食材を発酵させる保存技術の発達も、人類の生存や食文化の醸成に大きな役割を果たしてきた。

こうした微生物がもたらす発酵の本質を科学的に解明したのは、フランスの生化学者ルイ・パスツール（1822〜1895）である。パスツールは、19世紀後半にアルコール発酵が酵母の働きによることを見抜いた。微生物の培養や無菌操作など、微生物実験に関する技術の発達によって、人類は目に見えない酵母の働きを知る術を得たのである。

さらに近年では、その酵母の遺伝子を調べる新たな技術によって、これまで考えも及ばなかったようなことが次々と明らかになってきている。

たとえば、多くの人に愛されているラガービールの誕生秘話には、数奇な巡り合わせを感じざるを得ない。様々なビール酵母の遺伝子を調べた結果、南半球原産のキノコから分離された酵母が、そこから遠く離れたドイツで15世紀に誕生したラガービールの醸造に深く関わっていた可能性が出てきたのである[4]。

写真5–2　キッタリアの子実体（提供：伊藤元己）

その酵母は、オーストラリアや南米などの南半球にのみ分布しているナンキョクブナの寄生菌であるキッタリアと呼ばれるキノコから見つかった。キッタリアは一見、菌類とは思えないような奇妙な形をしている。口絵の写真および写真5-2を見てほしい。複数の穴が開いたゴルフボールか蜂の巣のような丸い物体が木の枝にくっついているが、これがキッタリアの子実体である。

口絵写真でわかる通り、色はオレンジ色や黄色をしており、じつに鮮やかだ。このキノコ、現地では「インディオのパン」とも呼ばれており、現在でもチリのマーケットなどで目にすることができるそうだ。バターで炒めていただくとおいしいという[5]。

ちなみに、このキッタリアが学界に紹介されるきっかけをつくったのは、あの『種の起源』を物したチャールズ・ダーウィン（1809〜1882）である[6]。最初に記載された種は採集者であるダーウィンにちなみ、キッタリア・ダーウィニイと命名されている。

話をビール酵母に戻そう。キッタリアの子実体は糖などの養分に富んでおり、様々な微生物にとって好条件の住処となっている。そのようなキッタリアの子実体に住む酵母の一つ、サッカロマイセス・ユーバヤヌスが、ラガービールの醸造に使われている酵母の片親に当たる可能性が指摘されているのだ[4]。

ユーバヤヌスと複数の酵母の遺伝子を比較したところ、ユーバヤヌスがエールビール酵母サッカロマイセス・セレビシエと交雑した結果、ラガービール酵母サッカロマイセス・パストリアヌスが生み出された痕跡が見出された。

ラガービールが普及する前はビールと言えばエールビールが主流だった。エールビールは常温で短期間行う「上面発酵」、ラガービールは低温で長期間行う「下面発酵」でつくられる。日本ではラガービールの消費量が圧倒的に多く、流通の9割を占めるとも言われる。なお、筆者はエールビールもラガービールもどちらも大好物である。

低温で発酵させるラガービールの醸造には、低温耐性を有する酵母、パストリアヌスが必須であった。このパストリアヌスの低温耐性に関わる遺伝子は、エールビール酵母セレビシエにはなく、もう片方の親と考えられるユーバヤヌスに由来すると考えられている。

ドイツでラガービールの醸造が始まったのは15世紀ごろと言われているので、この時代すでにユーバヤヌスに由来する遺伝子がヨーロッパにもたらされていたことになる。また、最近の研究によると、ヨーロッパにもたらされたユーバヤヌスはチベット高原に由来する可能性もあるという[7]。

ユーバヤヌスとセレビシエの交雑がどのような経緯で起こったのか、そもそも本当に交雑したのかどうかすら定かではないが、ラガービール酵母誕生の歴史には感謝してもしきれない。

500年以上前にドイツの一地方で醸造が始まり、いまや世界中のビール党に愛されているラガービール。その誕生の経緯をたどっていくと、遠く離れた南半球に産する酵母にまで至るとは、菌類の世界にも不思議な縁があるものである。

花粉症患者の救世主？

人類による菌類の利用は発酵だけにとどまらない。特に近年は、その特性を生かした新たな技術の開発にも発展してきている。

たとえば、スギ花粉症。少し古いデータになるが、環境省の2008年の統計を見てみると、国民の4人に1人がスギ花粉症を発症しているそうだ。その数は年々増加しているという。

かくいう筆者もスギ花粉にかれこれ20年以上悩まされ続けている。花粉が飛散する季節になると抗アレルギー薬とマスクを常備し、空気清浄機をフル稼働させて何とかしのいでいるような状況だ。花粉症による経済的損失は3000億円に達し、なお増加傾向にあるという。これはもう個人的な問題を超えた社会全体の生産性に関わる重要課題と言える。

春の陽気とともにやってくるスギ花粉におびえる一人として、毎年朦朧とした頭でその撲滅を願っているのだが、根本的な解決策はないものだろうか？

その一つとなりうるのがスギの品種改良である。花粉生産量の少ないスギ品種が開発されており、その苗木の生産も進められている。しかし、これから植えたとしても、実際に効果を発揮するまでには、まだまだ長い年月がかかりそうだ(8)。

写真5–3　シドウィア・ジャポニカの感染を受けて黒変したスギ雄花（白矢印）と健全なスギ雄花（黒矢印）（提供：髙橋由紀子）

そこで、より即効性のある対策として、植物病原菌を利用して花粉の飛散を抑制する技術が研究されている。目をつけられたのは、シドウィア・ジャポニカ（写真5–3）という子嚢菌だ。この菌はスギの雄花に病気を起こす病原菌であり、もともとレプトスファエルリナ・ジャポニカという学名で1917年に新種記載されていた。

当時は単なるスギの病原菌という扱いだったが、約100年経った現在では、スギ花粉の飛散を抑制する菌として注目されている。スギの雄花に寄生するという、この菌の特性を利用して、花粉の生産や飛散を阻害しようというのである。

都合のいいことに、シドウィア・ジャポニカは雄花には寄生するが、葉や枝、芽などスギの他の部位に対してはほぼ無害であるという(9)。つまり、スギ本体を枯らすことなく花粉の飛散のみを抑えられるという、理想的な花粉抑制技術に応用できる可能性を秘めている菌なのだ。

しかし、スギ花粉に悩まされている同志には残念なことに、「じゃあ、すぐスギ林に散布してみよう」というわけにはいかない。植物病原菌を野外に撒くためには、その菌が環境中でどのような振る舞いをするのか、十分に予測できるだけのデータを揃えておく必要がある。

また、もう一つの検討課題に菌の地域性がある。たとえば、青森県で採った菌を和歌山県のスギ林に撒いても問題がないかどうかを確認しておかなくてはならない。日本各地で採集されたこの菌の遺伝子型を調べたところ、東日本タイプと西日本タイプの二つに大きく分かれることが明らかとなっている[10]。

このように遺伝的な地域差のある菌を、その由来に関係なく散布してしまうと、植物病原菌の遺伝子攪乱という別の問題につながりかねない。そのため、それぞれの地域特有の菌株を用いたほうがよいとされている。青森で採った菌を遺伝的に異なる菌が分布する和歌山に撒いてはまずいだろう、ということである。

遺伝子攪乱の他にも散布方法やコストの問題など、実用化に向けて解決すべき課題は様々ある。その一方で、シドウィア・ジャポニカの胞子を効率的に生産する方法が確立されるなど[11]、この菌を活用した技術開発は、ゆっくりではあるが確実に進んでいる。

シドウィア・ジャポニカを用いたスギ花粉抑制技術が確立されれば、菌類を利用した花粉抑制法として世界初の事例となるだろう。一人の花粉症患者として、実用化を願ってやまない技術である。

微生物農薬の大きな可能性

花粉症の特効薬はさすがにないが、菌類の生産する化合物の一部は人の薬になる。有名なところでは、ペニシリンという抗生物質は菌類による産物だ。アオカビの一種、ペニシリウム・クリソゲヌム（実際にはペニシリウム・ルベンス）[12]から得られたペニシリンは、人類史上初の抗生物質として多くの人々を感染症から救った。20世紀における偉大な発見の一つに数えられるこの業績は、のちにノーベル生理学・医学賞を受賞することになる。

別のアオカビであるペニシリウム・シトリヌムからは、高脂血症の治療薬として活躍しているスタチン系薬剤の一種が開発されているし、胃腸薬の有効成分として用いられるジアスターゼ（アミラーゼ）は、コウジカビから得られる酵素だ。なお、コウジカビからジアスターゼを抽出したのは日本人で、アドレナリンの命名者としても知られる高峰譲吉（たかみねじょうきち）（1854～1922）である。

人を治療する医学だけでなく、農作物などの植物を対象とする植物病理学の分野においても、人類は菌類の働きを利用しようとしている。たとえば、内生菌を農作物に感染させることで、病原菌への抵抗性を増加させる試みが注目されている。[13]微生物の働きを利用した防除技術が確立されれば、化学農薬に頼らない、環境負荷の少ない病害防除が実現するかもしれない。

このような微生物を使った防除剤は「微生物農薬」と呼ばれている。あまり知られていないかもしれないが、生きた菌類を有効成分とする微生物農薬は、じつはすでに多数製品化されている[14]。

微生物農薬を化学農薬の代わりに用いることで、化学物質の残留による農地の汚染が軽減されると期待されている。また、度重なる農薬散布によって薬剤耐性を持ってしまった害虫や病原菌に対しても、これらの天敵微生物を用いた防除は有効な手段となりうる。

よく用いられるのは、昆虫に寄生する菌である。その中では、ボーベリア・バッシアナというカビが有名だろう。この菌は宿主範囲が広く致死率も高いため、アザミウマやアブラムシ、ゾウムシなどの農業害虫に有効な微生物農薬として多数製品化されている。

ボーベリアが感染した昆虫は硬くミイラ化して死亡し、体表に形成された多数の胞子により遺体が白く覆われる（写真5－4）。こうした病徴から、この菌は硬化病菌や白殭（はっきょう）病菌とも呼ばれている。

写真5–4　ボーベリア・バッシアナに寄生されたマツノマダラカミキリ（提供：佐藤大樹）

ボーベリア研究の歴史は古く、19世紀ごろからカイコの天敵として研究がスタートしている。この菌は昆虫に病気を起こす菌類としての初の報告例であり、これは微生物感染を原因とする動物病害としてもかなり古い事例であると言われている[15]。ボーベリアは微生物学史にその名を刻んだ由緒正しい昆虫寄生菌なのである。

この他、昆虫に寄生する病原菌の中で注目されているのがメタリジウム・アニソプリエという子嚢菌だ。この菌は、主に北米で害虫扱いされているチャオビゴキブリを殺傷する菌として報告されている。この菌の胞子はチャオビゴキブリに付着すると発芽して体内に侵入し、最終的には毒素を生産して宿主を死に至らしめる。つまり、ゴキブリキラーの菌なのである。

メタリジウムの胞子を油に混ぜて室内に散布することによって、チャオビゴキブリの個体数を70％以上減少させることができたというから、その効果は絶大だ[16]。しかも、虫の遺体上で形成されたメタリジウムの胞子は新たな感染源となり、チャオビゴキブリのさらなる個体数減少に貢献することが期待できる。

もしこの菌を用いた殺虫剤が完成すれば、ゴキブリを忌み嫌う世界中の人々にとって朗報となるかもしれない。ただ、カビまみれのゴキブリ遺体をどう処理するのかという、より深刻な問題についてはさらなる検討が必要であろう。

農作物に話を戻すと、土壌中に生息するセンチュウには農作物に害を及ぼす種類もいる。特に、ネコブセンチュウと呼ばれるセンチュウは幅広い作物の根に寄生し、根こぶを形成して収量減を引き起こす厄介者だ。

これらの植物病原性センチュウによる農作物への害を軽減するため、その捕食者であるセンチュウ捕食菌を用いた防除剤が開発されている。日本でも、センチュウ捕食菌の一種ガムシレラ・フィマトパガを用いた微生物農薬が使用されていた。ガムシレラは、第3章で見た他のセンチュウ捕食菌と同様、菌糸でできた粘着性の罠で土壌中のセンチュウを捕まえ、その体内に菌糸を侵入させて消化吸収してしまう。

また、害虫だけではなく、同じ真菌である植物病原菌の防除においても、菌類を用いた微生物農薬の活躍が期待されている。

トマト萎凋(いちょう)病を引き起こすフザリウム・オキシスポルムという病原菌はトマト農家の大敵だ。この菌は感染後、菌糸が宿主体内に入り込み、さらに胞子が土壌中で長期間生存することができるなど、農地での防除が難しい病原菌の一つである。

この病気の発生を抑える菌として、ペニシリウム・オキサリクムというアオカビの一種が注目されている。この菌の胞子を宿主となる植物に散布することで、トマト萎凋病の発生が抑制されるという研究結果が得られている(17)。このように、ある種のカビを効果的に用いることで、作物に重篤な病害を起こす病原菌の発生を抑制できるかもしれないのである。

昆虫を使って菌を撒く

患者を飛行機で移送するフライングドクターという事業がある。一方、いまから述べる「空飛ぶお医者さん」の乗り物は飛行機ではなく、移送対象も人間の患者ではない。

飛行機の代わりに空を飛ぶのは花を訪れるハチたちであり、彼らによって運ばれるの

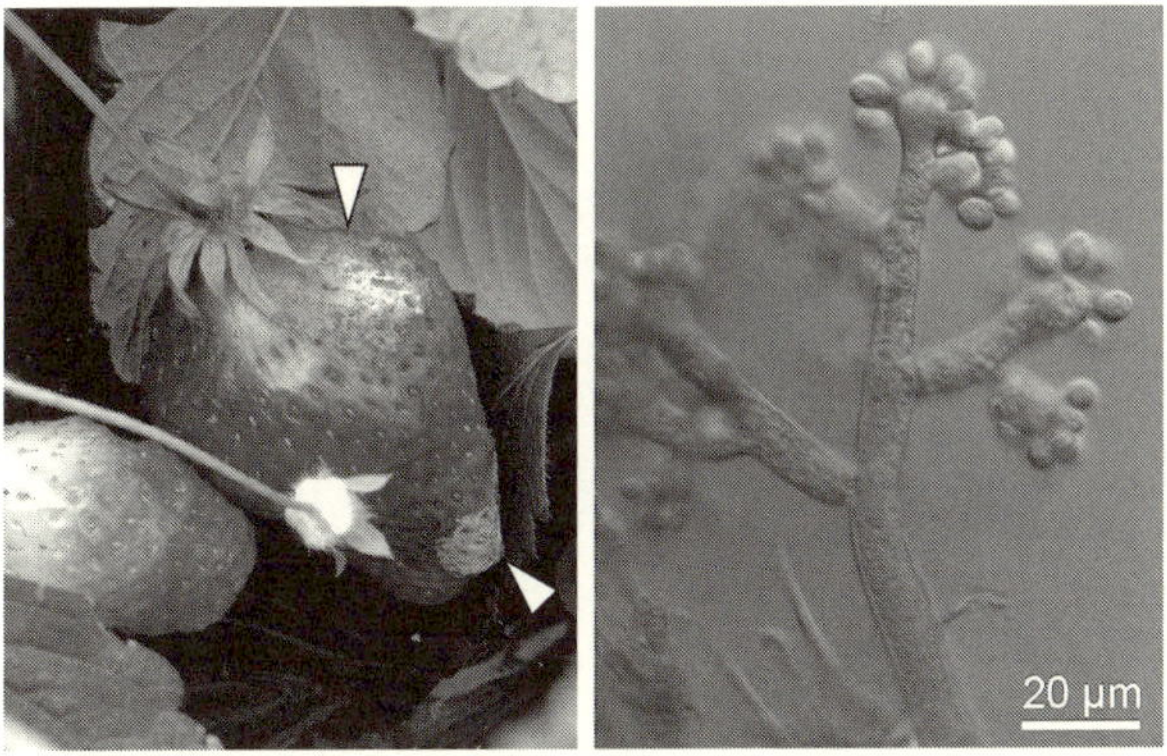

写真5–5　イチゴの灰色かび病（左、白矢印）とその顕微鏡写真（右）（撮影：細矢剛／提供：国立科学博物館）

は、とある菌類の胞子だ。そして、この空飛ぶお医者さんの治療対象は、植物病原菌に侵されたイチゴやサクランボなどの実のなる花である。

花を訪れるミツバチやマルハナバチを使って、農作物を病気から守る菌を運んでもらおうという研究が進められている。ハチに運ばれる菌は、クロノスタキス・ロゼアという菌寄生性の子嚢菌だ。この菌は、様々な植物の花や実に病気を起こす灰色かび病菌に寄生し、植物への感染を阻害する（写真5–5）。

このクロノスタキスとハチを使って、どのように灰色かび病を抑制するのだろうか？

まず、クロノスタキスの胞子をハチの巣の出口に散布する。そうとは知らずに巣を飛び立とうとするハチは、巣の出口を通過する時、体毛に胞子を付着させる。こうして、クロノスタキスの胞子をまとったハチが、蜜を求めて訪れた花々に胞子を接種して回る。つまり、ハチは意図せずして胞子の運び屋にされてしまうのである。

ハチに運ばれて花へと到達したクロノスタキスの胞子は、やがて発芽し、灰色かび病菌への寄生を開始する。その結果、灰色かび病の発生が抑制され、結実が良好となり収量が上がる、という寸法だ。当然、ハチは胞子だけではなく花粉も運んでくれるので、授粉効率も上がり一石二鳥というわけである。

野外のイチゴ畑にて、空飛ぶお医者さんによる灰色かび病の抑制効果が試験されており、特に症状の激しい畑においては、平均47%の病害発生を抑えることができたそうだ。[18]この結果は複数の殺菌剤を撒くことで得られる防除効果と同等のものであるという。

また、症状の比較的軽い畑においては、平均66%の病害発生が抑えられた。この数字は殺菌剤を撒くよりも良好な結果だ。このように、空飛ぶお医者さんはアイデアが面白いだけでなく、ちゃんと成果もあげている防除方法なのである。

クロノスタキスの胞子はハチによって特定の花に運ばれるため、対象とする農作物以外に影響が出る可能性は低いと考えられている。いまのところ、クロノスタキスによる農作物や人などの対象外生物への負の影響は見られていない。

空飛ぶお医者さんの実用化に向けた予備実験が2006年からフィンランドにて開始され、以降、ヨーロッパの他の国々でも導入に向けた研究開発が進んでいる[18]。この技術を用いた特別な養蜂巣箱も開発されており、イチゴの灰色かび病に限らず、他の様々な病原菌への応用も検討されている。

イチゴだけでなく、ラズベリーや西洋ナシ、リンゴ、ブルーベリー、サクランボ、ブドウなどで良好な結果が得られているそうだ。オーストラリアでも、同様の技術が研究されており、サクランボの灰星病(はいほしびょう)菌に対する有効性が確認されている。

複数の殺菌剤を使用する必要もなく、散布コストもかからないこの方法は、理想的な病害防除手段となりうるのではないかと期待されている。ただし、この方法で一定以上の効果を得るためには、特別な養蜂巣箱などハチに胞子を運ばせる仕組みを設置するとともに、農場周辺の植生管理を行うなど、空飛ぶお医者さんが働きやすい環境づくりが肝要となる。どこでもだれでも導入可能な技術となるのかどうかについては、今後様々な農場で検証されることで明らかにされていくだろう。

近い将来、日本の果樹園でも空飛ぶお医者さんの往診する姿を見ることができるかもしれない。その時は、ハチの体にくっついている菌類のことにも思いをはせてほしい。

このように、もともと自然界に存在している菌類や細菌類を利用する微生物農薬は、もし期待通りの効果が発揮されれば、環境への負荷を軽減しつつ病害防除を達成できるという夢のような技術となる。しかし、実際に微生物農薬を農地で使用することで十分な防除効果が得られるかどうかについては未知数な部分も多い。

農地生態系のような比較的単純な環境であっても、じつは様々な生物による複雑な相互関係の上に成り立っている。そのような環境の中で、ある微生物を安定的に活性化させ、特定の害虫や病原菌のみを除去することはなかなかチャレンジングな試みだ。

たとえ微生物農薬の使用により安定的な防除効果が得られたとしても、ターゲットとしている害虫や病原体以外の生物への影響についても考慮しなくてはならない。このように、微生物農薬は常に多面的な評価が求められる技術なのである。

そういう様々な問題点を考慮すると、微生物農薬が病害防除の決め手になるとはまだ言い切れる段階にはない、というのが現時点での正直な感想だ。ただし、大きな可能性を秘めていることも事実である。環境中での微生物の振る舞いについてさらに研究を進め、その生態について理解を深めていくことで、菌類を用いた微生物農薬がより効果的な防除手段となっていくことに期待したい。

菌類を改変するウイルス

本章の最後に、菌類よりもさらに小さなウイルスを使って病原菌を弱体化させる試みについても紹介しておきたい。

毎年冬になるとインフルエンザの流行が話題となるが、これはインフルエンザウイルスが人に感染して引き起こされる病気である。このように、ウイルスは生物に病気を起こす病原体として知られているが、その宿主は人にとどまらず、他の動植物はもちろん、菌類もその感染対象となる。

菌類に感染するウイルスは「マイコウイルス」と呼ばれる（写真5−6）。これが初めて報告されたのは、日本では「マッシュルーム」としておなじみのツクリタケの栽培品からだった[19]。

栽培マッシュルームの生長異常とそれによる収量減を引き起こす原因不明の病害が報告された当時、菌類に感染するウイルスの存在はまだ知られていなかった。この病気の原因に関して、当初は細菌など他の病原体も疑われたが、奇形を起こした子実体から得られたサンプルを電子顕微鏡で観察することによって、小さなウイルスの粒子が検出されるに至った。

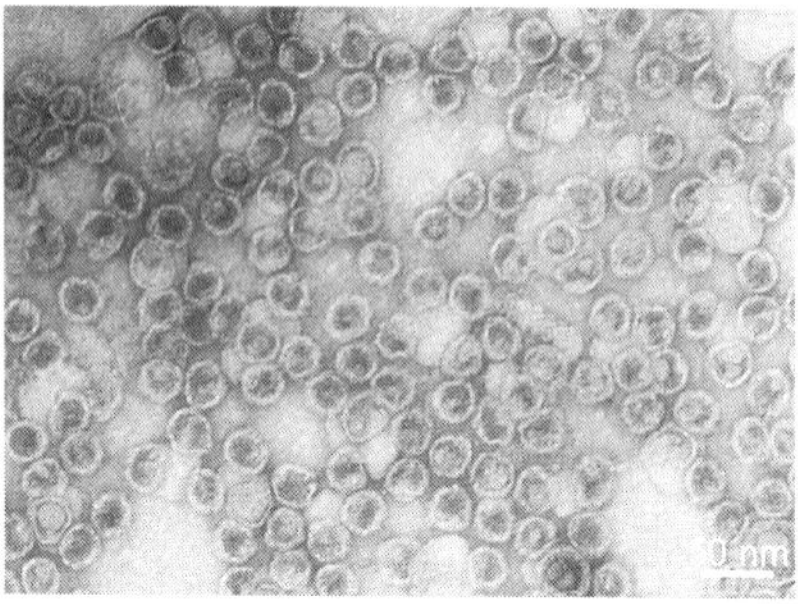

写真5–6　マイコウイルスの粒子像（提供：森山裕充）

菌類に感染するウイルスの存在が初めて明らかとなった瞬間である。ちなみに、菌類はウイルスの他に、細菌の感染も受けることが知られている。

そして近年は、菌類がこうしたウイルスや細菌の感染を受けることで、その特性が大きく改変されることもわかってきた。たとえば、植物病原菌の細胞内に共生している細菌が、植物を病気にする毒素を生産したり、宿主である菌の胞子形成に影響したりすることが報告されている。[20][21] 我々が見ている植物や菌類の振る舞いの陰には、これらの小さな共生者たちの存在が隠れているのかもしれないのだ。

このような菌類に感染するウイルスや細菌をうまく利用することで、病原菌から植物を守ることを目指した研究が進められている。

とりわけ、マイコウイルスを活用した生物防除は「ヴァイロコントロール」と呼ばれている。[22] 特定のマイコウイルスを植物病原菌に感染させる、つまり植物病原菌のほうを病気にしてしまうことで、菌の植物に対する病原性を低減しようというのである。

ヴァイロコントロールの主な試みとしては、アメリカやヨーロッパなどで猛威を振るっているクリ胴枯病を対象とした研究がある。クリ胴枯病は、世界の樹木三大病害の一つに数えられるほど重要な病害である。クリ胴枯病菌の感染によって起こるこの病気は、クリ属樹木の形成層を侵して大量に枯死させてしまう。

そんなクリの胴枯れ病菌に対し、あるウイルスを感染させることで弱毒化しようというのである。そのウイルスとはハイポウイルスと呼ばれるマイコウイルスだ。ハイポウイルスをクリ胴枯病菌に感染させると、菌のクリ属樹木に対する病原性が低下する。

さらに、このウイルスに感染した菌をクリ胴枯病の病徴部に接種すると、感染菌から非感染菌へと、菌同士の菌糸融合によりウイルスの感染が広がっていく。このように、クリ胴枯れ病菌間でハイポウイルスを二次的に感染させていくことで、樹木内にいる病原菌を弱毒化していくというアイデアである。

マイコウイルスの感染が宿主菌に与える影響は、生長阻害や病原力低下などの負の効果のみではない。あるウイルスが感染した酵母は、他の酵母を殺す毒素を生産するようになる。このような酵母は「キラー酵母」と呼ばれている。キラー酵母が生産する毒素は、ウイルスに感染している酵母には影響がなく、非感染酵母のみを死滅させる。その結果、ウイルスに感染したキラー酵母のみが生き残るというわけだ。

キラー酵母は有用な酵母を殺してしまうことから醸造業界でしばしば問題になっているが、逆に醸造に不都合な野生型の酵母をキラー酵母によって駆逐することで、日本酒の品質管理に利用しようという研究例もある(23)。

マイコウイルスに関するさらに面白い研究例がある。マイコウイルスとその宿主となる菌、そこに菌の宿主である植物が加わった、「ウイルス―菌―植物」の三者共生に関する研究だ[24]。

この研究に登場するのは、パニックグラスと呼ばれるイネ科草本と、それに感染する内生菌、さらにその内生菌に感染するウイルスの三者である。パニックグラスは地熱耐性を持っており、地温が65℃にもなる地熱地帯でも平気で生育している。この植物の地熱耐性について調べていたところ、クルブラリアという内生菌の感染が重要なポイントであることがわかった。つまり、この内生菌を実験的に除去した植物は地熱耐性を失い、高温条件で生育できず枯れてしまうようになるのである。

そして興味深いことに、この内生菌には特定のマイコウイルスが感染していたのである。研究者らは、このウイルスを除去した内生菌を用意し、これを感染させた植物の地熱耐性について調べた。その結果、ウイルスを持たない内生菌を感染させた植物は高温条件下で枯れてしまった。つまり、ウイルスがいない菌の感染では、植物に地熱耐性が付与されなかったのである。

どうやら、この内生菌そのものというよりも、菌に感染しているマイコウイルスのほうが、宿主植物への地熱耐性付与に関するカギを握っているようである。目に見えない菌類よりもさらに小さなウイルスが、はるかに大きな植物の生態に影響を与えていたとは驚きだ。

近年の研究により、マイコウイルスが様々な菌類に幅広く感染していることがわかってきた。その感染の多くは特に目立った病徴を現すことがないため、宿主である菌類に何ら影響を与えていないように見える。しかし、これについてはまだ結論できる段階にはなく、我々が単にウイルス感染の影響を検出できていないだけなのかもしれない。

菌類よりもさらに小さなマイコウイルスが、はるかに大きな植物の生態や進化に影響を与えてきたかもしれないと考えると胸が熱くなる。この本では菌類が生態系に与えるインパクトの大きさについて見てきたが、さらにその菌類に感染して振る舞いを左右する細菌やウイルスがいるのである。このようなミクロの視点を持つことで、自然の見え方が随分と変わってくるのではないか。

最後となる本章では、特に人類と菌類の関わり合いに焦点を当てて見てきた。人類は菌類とある時は敵対し、またある時はこれを利用しながら長い歴史をともに歩んできた。目に見えるもので世界を理解しようとしがちな人類にとって、目に見えない菌類はとらえどころのない不思議な存在だ。しかし、その両者の間には切っても切り離せない深い関係があるのである。

古くは食用キノコや発酵の担い手として人類の文化に深く関わり、また時には作物の病原菌や食物を腐敗させる微生物として人類と敵対し、近年では微生物農薬やバイオエタノールの生産、マイコレメディエーションといった新たな技術が注目を集めている。

果たして、人類は菌類の振る舞いを十分理解し、これを手なずけることで、環境を自らの生存により好都合なものへと改変していけるのだろうか？　それとも、やはり菌類は人類にとってとらえどころのない、奇妙な存在であり続けるのだろうか？

人類と菌類の未来はどうなっていくのだろう。筆者自身も一菌類研究者として、これからもその行く末を見届けていきたいと思う。

あとがき

菌類をスターにしたい。

そう思って珍奇な菌類の日本一を決める「日本珍菌賞」の企画に携（たずさ）わったのが２０１３年のことだ。

研究者も知らないような珍奇な菌類が次から次へと登場する珍菌賞は、ツイッターを通じて多くの人々を巻き込み、予想以上の盛り上がりを見せてくれた。このお祭り騒ぎのおかげで、ネットメディアや新聞、ラジオなどで菌類とその研究の面白さを宣伝する機会が生まれ、菌類ファンの獲得に少しは貢献できたのではないかと思っている。

そう、人々はその魅力に気づいていないだけで、じつは菌類はとても面白い生き物なのである。

冒頭にも書いたが、筆者は「バイキン」と呼ばれ蔑まれている菌類を常々不憫に思ってきた。我々人類、いや、それどころか陸上生態系に生きるすべての生物がどれほどその「バイキン」どもの恩恵にあずかっているというのか。

たしかに、一部の菌類は人類に対して悪さをする。一事が万事ともいうが、しかし、だからと言って菌類すべてを貶（けな）していいという謂（いわ）れはない。

菌類という生き物の素晴らしさや有難さを世に知らしめなくてはならない。でも、どうやって？　やはり、その入り口としてとっつきやすいのは、スター性のある面白い菌類たちなのではないだろうか。

珍妙な姿形や変幻自在の生き様で魅せる、そんな奇妙な菌類を紹介することが、この不憫な微生物の濡れ衣を晴らすよいきっかけになるのではないか。このような考えの延長上に本書は位置している。

繰り返しになるが、我々人類はとかく目に見えるもので世界をとらえようとしがちである。しかし、この目に見える世界は、目に見えない無数の微生物たちによって支えられている。

菌類という見えない微生物の存在を感じられるような、そんな感性を磨くことができれば、おのずとこの世界がたくさんの不思議に満ちた素晴らしい場所に思えてはこないだろうか？

この本を読んで、少しでも菌類を面白いと感じていただき、見えない世界に思いをはせる感覚をつかんでいただけたのなら幸いである。

末筆ながら、本書の原稿に目を通していただき、数々のご助言をくださった谷亀高広さま、中島淳志さま、白水博さま、白水路子さま、髙橋由紀子さまに感謝いたします。本書の口絵と本文を飾る素晴らしい写真や図の数々は、新井文彦さま、伊藤元己さま、牛島秀爾さま、大江友亮さま、大作晃一さま、大塚健佑さま、大村嘉人さま、梶村恒さま、デイヴィッド＝グリマルディさま、佐藤豊三さま、佐藤大樹さま、ピーター＝ジョンストンさま、髙橋由紀子さま、出川洋介さま、辻田有紀さま、計屋昌輝さま、デイヴィッド＝ヒューズさま、ジョージ＝ポイナーさま、保坂健太郎さま、細将貴さま、細矢剛さま、前川二太郎さま、升屋勇人さま、松浦健二さま、森山裕充さま、谷亀高広さま、大和政秀さまにご提供いただきました。僕には到底撮ることのできない貴重な写真の使用許可をくださった、以上の方々に厚く御礼申し上げます。

本書で取り上げた内容の多くは、参考文献に挙げた論文や著書によってなされた仕事です。これらの素晴らしい先行研究のおかげで本書を書き上げることができました。

なお、この本に登場する菌の選定過程には、珍菌賞にノミネートされた数多くの菌類たちの情報が活かされています。一人ひとりお名前を挙げることはできませんが、珍菌賞の選考に参加してくださった、関心を持ってくださった方々に御礼申し上げます。

また、NHK出版の山北健司さまには、本書の執筆を持ちかけていただき、話の組み立てから文章の修正まで多大なサポートをいただきました。

最後となりましたが、本書の主役である菌類たちに感謝し、筆を擱きたいと思います。

2016年3月3日

白水　貴

ファネロケーテ・クリソスポリウム	*Phanerochaete chrysosporium* (= *Phanerodontia chrysosporium*)
フィアロセファラ	*Phialocephala*
フィブラリゾクトニア	*Fibularhizoctonia*
プクシニア・モノイカ	*Puccinia monoica*
フザリウム・オキシスポルム	*Fusarium oxysporum*
ブルゴア	*Burgoa*
プルプレオシリウム	*Purpureocillium*
プロトタキシーテス	*Prototaxites*
プロトマイセナ	*Protomycena*
フンネリフォルミス	*Funneliformis*
ペシロマイセス	*Paecilomyces*
ペスタロチオプシス・ミクロスポラ	*Pestalotiopsis microspora*
ペニシリウム・オキサリクム	*Penicillium oxalicum*
ペニシリウム・クリソゲヌム	*Penicillium chrysogenum*
ペニシリウム・シトリヌム	*Penicillium citrinum*
ペニシリウム・ルベンス	*Penicillium rubens*
ヘベロマ・シルジェンセ	*Hebeloma syrjense*
ヘルポマイセス	*Herpomyces*
ボーベリア・バッシアナ	*Beauveria bassiana*
マッティロロマイセス・テルフェジオイデス	*Mattirolomyces terfezioides*
メタリジウム・アニソプリエ	*Metarhizium anisopliae*
モニリニア	*Monilinia*
ラブルベニア・クリビナリス	*Laboulbenia clivinalis*
ラブルベニア・フォルミカルム	*Laboulbenia formicarum*
ラブルベニア目	Laboulbeniales
リゾファグス	*Rhizophagus*
レプトスファエルリナ・ジャポニカ	*Leptosphaerulina japonica*
ロパロマイセス・エレガンス	*Rhopalomyces elegans*

＊本文中でカタカナ表記した学名の綴りを一覧としてまとめた

菌類学名一覧（五十音順）

アクレモニウム	*Acremonium*
アテリア	*Athelia*
アルタナリア	*Alternaria*
アンブロシエラ	*Ambrosiella*
エスコボプシス	*Escovopsis*
エニグマトマイセス・アンプリスポルス	*Aenigmatomyces ampullisporus*
エントモファガ	*Entomophaga*
オフィオコルディセプス・シネンシス	*Ophiocordyceps sinensis*
オフィオコルディセプス・ユニラテラリス	*Ophiocordyceps unilateralis*
オルビリア科	Orbiliaceae
ガムシレラ・フィマトパガ	*Gamsylella phymatopaga*
キッタリア・ダーウィニイ	*Cyttaria darwinii*
キトノマイセス	*Chitonomyces*
クラドスポリウム・レジネ	*Cladosporium resinae* (= *Amorphotheca resinae*)
クルブラリア	*Curvularia*
クロノスタキス・ロゼア	*Clonostachys rosea* (= *Gliocladium catenulatum*)
ケートチリウム目	Chaetothyriales
ゲオシフォン	*Geosiphon*
コルティナリウス・ポルフィロイデウス	*Cortinarius porphyroideus*
サッカロマイセス・セレビシエ	*Saccharomyces cerevisiae*
サッカロマイセス・パストリアヌス	*Saccharomyces pastorianus*
サッカロマイセス・ユーバヤヌス	*Saccharomyces eubayanus*
シドウィア・ジャポニカ	*Sydowia japonica*
セファリオフォラ	*Cephaliophora*
ゾーファグス・インシディアンス	*Zoophagus insidians*
ディメロマイセス	*Dimeromyces*
トリコデルマ	*Trichoderma*
ニューモシスチス	*Pneumocystis*
ハプトグロッサ	*Haptoglossa*
パレオクラビセプス	*Palaeoclaviceps*
ハロレププ	*Harorepupu*
ヒポマイセス・ヒアリヌス	*Hypomyces hyalinus*
ヒポマイセス・ラクチフルオルム	*Hypomyces lactifluorum*

(4) Libkind, D. et al. (2011) Proceedings of the National Academy of Sciences of the United States of America, 108: 14539–14544.
(5) Alexopoulos, C.J. et al. (1996) Introductory mycology 4th ed. John Wiley & Sons.
(6) Berkeley, M.J. (1842) Transactions of the Linnean Society of London, 19: 37–43.
(7) Bing, J. et al. (2014) Current Biology, 24: R380-R381.
(8) 斎藤真己（2015）森林科学，73：21–25.
(9) Hirooka, Y. et al. (2013) PLoS ONE, 8: e62875.
(10) 廣岡裕吏 ほか（2012）第123回日本森林学会大会学術講演集：Pb052.
(11) Masuya, H. et al. (2013) 森林総合研究所研究報告, 12: 165–170.
(12) Houbraken, J. et al. (2011) IMA Fungus, 2: 87–95.
(13) O'Hanlon, K.A. et al. (2012) Biological Control, 63: 69–78.
(14) Butt, T.M. et al. (2001) In: Butt, T.M. et al. (eds.) Fungi as biocontrol agents: Progress, problems and potential: 377–384. CABI Publishing.
(15) 青木襄児（1998）虫を襲うかびの話——昆虫疫病菌のしたたかな生き残り戦略．全国農村教育協会．
(16) Sharififard, M. et al. (2016) Journal of Arthropod-Borne Diseases, 10: 337–348.
(17) De Cal, A. et al. (2000) Phytopathology, 90: 260–268.
(18) Hokkanen, H.M.T. et al. (2015) Sustainable Agriculture Research, 4: 89–102.
(19) Hollings, M. (1962) Nature, 196: 962–965.
(20) Partida-Martinez, L.P. and Hertweck, C. (2005) Nature, 437: 884–888.
(21) Partida-Martinez, L.P. et al. (2007) Current Biology, 17: 773–777.
(22) 千葉壮太郎 ほか（2010）ウイルス，60：163–176.
(23) Yoshiuchi, K. et al. (2000) Journal of Industrial Microbiology & Biotechnology, 24: 203–209.
(24) Márquez, L.M. et al. (2007) Science, 315: 513–515.

（30） 原田幸雄（1993）キノコとカビの生物学――変幻自在の微生物. 中公新書.
（31） Nikoh, N. and Fukatsu, T. (2000) Molecular Biology and Evolution, 17: 629–638.

第4章

（1） 白水貴（2016）日本菌学会会報, 印刷中.
（2） Dentinger, B.T.M. et al. (2010) Molecular Phylogenetics and Evolution, 57: 1276–1292.
（3） Johnston, P.R. et al. (2015) IMA Fungs, 6: 135–143.
（4） 細将貴（2012）右利きのヘビ仮説――追うヘビ、逃げるカタツムリの右と左の共進化. 東海大学出版会.
（5） Russell, J.R. et al. (2011) Applied and Environmental Microbiology, 77: 6076–6084.
（6） Harms, H. et al. (2011) Nature Reviews Microbiology, 9: 177–192.
（7） Pointing, S.B. (2001) Applied Microbiology and Biotechnology, 57: 20–33.
（8） Turnau, K. and Mesjasz-Przybylowicz, J. (2003) Mycorrhiza, 13: 185–90.
（9） Diene, O. et al. (2014) PLoS ONE, 9: e109233.
（10） Hibbett, D.S. et al. (1997a) American Journal of Botany, 84: 981–991.
（11） Stubblefield, S.P. et al. (1985) American Journal of Botany, 72: 1765–1774.
（12） Taylor, T.N. et al. (1997) American Journal of Botany, 84: 992–1004.
（13） Remy, W. et al. (1994) American Journal of Botany, 81: 690–702.
（14） Boyce, C.K. et al. (2007) Geology, 35: 399–402.
（15） Vajda, V. and McLoughlin, S. (2004) Science, 303: 1489.
（16） Casadevall, A. (2005) Fungal Genetics and Biology, 42: 98–106.
（17） Eshet, Y. et al. (1995) Geology, 23: 967–970.
（18） McElwain, J.C. and Punyasena, S.W. (2007) Trends in Ecology & Evolution, 22: 548–557.
（19） Hibbett, D.S. et al. (1997b) American Journal of Botany, 84: 1005–1011.

第5章

（1） 木川りか ほか（2015）保存科学 54: 83–109.
（2） Hendey, I. (1964) Transactions of the British Mycological Society, 47: 467–475.
（3） Passman, F.J. (2013) International Biodeterioration & Biodegradation, 81: 88–104.

第3章

(1) Deacon, J. (2006) Fungal biology 4th ed. Blackwell Publishing.
(2) Roy, B.A. (1993) Nature, 362: 56–58.
(3) Batra, L.R. and Batra, S.W.T. (1985) Science, 228: 1011–1013.
(4) Ngugi, H.K. and Scherm, H. (2006) FEMS Microbiology Letters, 257: 171–176.
(5) Webster, J. and Weber, R.W.S. (2007) Introduction to Fungi 3rd ed. Cambridge University Press.
(6) Wäli, P.P. et al. (2013) PLoS ONE, 8: e69249.
(7) Poinar G.JR. et al. (2015) Palaeodiversity, 8: 13–19.
(8) Smith, M.L. et al. (1992) Nature, 356: 428–431.
(9) Ferguson, B.A. et al. (2003) Canadian Journal of Forest Research, 33: 612–623.
(10) De Kesel, A. (1995) Bulletin & Annales de la Société Entomologique de Belgique, 131: 335–348.
(11) Konrad, M. et al. (2015) Proceedings of The Royal Society B, 282: 20141976.
(12) Alexopoulos, C.J. et al. (1996) Introductory mycology 4th ed. John Wiley & Sons.
(13) Goldmann, L. and Weir, A. (2012) Mycologia, 104: 1143–1158.
(14) Castañeda-Ruiz, R.F. and Kendrick, B. (1993) Mycologia, 85: 1023–1027.
(15) Degawa, Y. (2002) IMC7 book of abstracts: 198.
(16) 宮崎駿（2003）風の谷のナウシカ 全7巻．徳間書店．
(17) Hughes, D.P. et al. (2011) BMC Ecology, 11: 13.
(18) Andersen, S.B. et al. (2009) The American Naturalist, 174: 424–433.
(19) de Bekker, C. et al. (2014) BMC Evolutionary Biology, 14: 166.
(20) Andersen, S.B. et al. (2012) PLoS ONE, 7: e36352.
(21) Eberhard, W. et al. (2014) Mycologia, 106: 1065–1072.
(22) Wang ,X. et al. (2014) Nature Communications, 5: 5776.
(23) Li, Y. et al. (2005) Mycologia, 97: 1034–1046.
(24) 犀川政稔（1987）日本菌学会ニュース，9：49–54.
(25) Barron, G.L. et al. (1990) Canadian Journal of Botany, 68: 685–690.
(26) Hakariya, M. et al. (2002) Mycoscience, 43: 119–125.
(27) Ellis, J.J. and Hesseltine, C.W. (1962) Nature, 193: 699–700.
(28) Sagara, N. et al. (2008) In: Tibbett, M. and Carter, D.O. (eds.) Soil Analysis in Forensic Taphonomy: Chemical and Biological Effects of Buried Human Remains: 67–107. CRC Press.
(29) 常盤俊之・奥田徹（2001）日本菌学会会報，42：199–209.

(4) Chen, J. et al. (2000) Catena, 39: 121–146.
(5) Koele, N. et al. (2014). Soil Biology and Biochemistry, 69: 63–70.
(6) Quirk, J. et al. (2012) Biology Letters, 8: 1006–1011.
(7) Jongmans, A.G. et al. (1997) Nature, 389: 682–683.
(8) Peintner, U. et al. (2001) American Journal of Botany, 88: 2168–2179.
(9) Johnson, C.N. (1996) Trends in Ecology & Evolution, 11: 503–507.
(10) Kiers, E.T. et al. (2011) Science, 333: 880–882.
(11) Merckx, V.S.F.T. et al. (2013) In: Merckx, V.S.F.T. (ed.) Mycoheterotrophy: The biology of plants living on fungi: 19–101. Springer.
(12) 遊川知久（2014）植物科学の最前線，5：85–92.
(13) Ogura-Tsujita, Y. et al. (2012) American Journal of Botany, 99: 1158–1176.
(14) Bidartondo, M.I. et al. (2004) Proceedings of the Royal Society B, 271: 1799–1806.
(15) 末次健司・加藤真（2014）植物科学の最前線，5：93–109.
(16) Babikova, Z. et al. (2013) Ecology Letters, 16: 835–843.
(17) Song, Y.Y. et al. (2014) Scientific Reports, 4: 3915.
(18) Song, Y.Y. et al. (2010) PLoS ONE, 5: e13324.
(19) Johnson, D. and Gilbert, L. (2015) New Phytologist, 205: 1448–1453.
(20) Kluge, M. et al. (1992) Botanica Acta 105: 343–344.
(21) Gehrig, H. et al. (1996) Journal of Molecular Evolution, 43: 71–81.
(22) 梶村恒（2000）二井一禎・肘井直樹（編著）森林微生物生態学：179–195. 朝倉書店.
(23) 伊藤進一郎（2000）二井一禎・肘井直樹（編著）森林微生物生態学：257–269. 朝倉書店.
(24) Mueller, U.G. et al. (2005) Annual Review of Ecology, Evolution, and Systematics, 36: 563–595.
(25) Currie, C.R. et al. (1999) Nature, 398: 701–704.
(26) Ruiz-González, M.X. et al. (2011) Biology Letters, 7: 475–479.
(27) Menezes, C. et al. (2015) Current Biology, 25: 2851–2855.
(28) Matsuura, K. et al. (2000) Ecological Research, 15: 405–414.
(29) Matsuura, K. (2006) Proceedings of the Royal Society B, 273: 1203–1209.
(30) Matsuura, K. and Matsunaga, T. (2015) Ecological Research, 30: 93–100.
(31) Matsuura, K. (2005) Applied Entomology and Zoology, 40: 53–61.
(32) Matsuura, K. and Yashiro, T. (2010) Biological Journal of the Linnean Society, 100: 531-537
(33) Dejean, A. et al. (2005) Nature, 434: 973.

■参考文献一覧

第1章

(1) Ainsworth, G.C. (1976) Introduction to the history of mycology. Cambridge University Press. (小川眞［翻訳］(2010) キノコ・カビの研究史――人が菌類を知るまで. 京都大学学術出版会.)

(2) Takaki, K. et al. (2014) Microorganisms, 2: 58–72.

(3) Baldauf, S.L. and Palmer, J.D. (1993) Proceedings of the National Academy of Sciences of the United States of America, 90: 11558–11562.

(4) Brown, M.W. et al. (2009) Molecular Biology and Evolution, 26: 2699–2709.

(5) Stubblefield, S.P. and Taylor, T.N. (1986) Botanical Gazette, 147: 116–125.

(6) Floudas, D. et al. (2012) Science, 336: 1715–1719.

(7) Money, N.P. (2006) The triumph of the fungi: A rotten history. Oxford University Press. (小川眞［翻訳］(2008) チョコレートを滅ぼしたカビ・キノコの話――植物病理学入門. 築地書館.)

(8) 金子繁・佐橋憲生 (1998) ブナ林をはぐくむ菌類. 文一総合出版.

(9) van der Heijden, M.G.A. et al. (2015) New Phytologist, 205: 1406–1423.

(10) Smith, S.E. and Read, D. (2008) Mycorrhizal symbiosis 3rd ed. Academic Press.

(11) de la Torre, R. et al. (2010) Icarus, 208: 735–748.

(12) Bass, D. and Richards, T.A. (2011) Fungal Biology Reviews, 25: 159–164.

(13) Monastersky, R. (2014) Nature, 516: 158–161.

(14) Stork, N.E. et al. (2015) Proceedings of the National Academy of Sciences of the United States of America, 112: 7519–7523.

(15) Mueller, G.M. et al. (2007) Biodiversity and Conservation, 16: 37–48.

(16) Hawksworth, D.L. (1991) Mycological Research, 95: 641–655.

(17) Fröhlich, J. and Hyde, K.D. (1999) Biodiversity and Conservation, 8: 977–1004.

(18) Hibbett, D.S. et al. (2011) Fungal Biology Reviews, 25: 38–47.

第2章

(1) Taylor, T.N. et al. (1995) Mycologia, 87: 560–573.

(2) Redecker, D. et al. (2000) Science, 289: 1920–1921.

(3) Yuan, X. et al. (2005) Science, 308: 1017–1020.

校閲　㈲シーモア
DTP　佐藤裕久

白水 貴 しろうず・たかし
1981年、和歌山県生まれ。
2008年、筑波大学大学院生命環境科学研究科博士課程修了。
博士(理学)。国立科学博物館・日本学術振興会特別研究員PD。
菌類の多様性や生態について研究。
珍奇な菌類の日本一を決める「日本珍菌賞」主催。
共著に『日本のきのこ』(山と渓谷社)、
『微生物の生態学』(共立出版)など。
監修に『毒きのこ——世にもかわいい危険な生きもの』(幻冬舎)。

NHK出版新書 484

奇妙な菌類
ミクロ世界の生存戦略

2016年4月10日　第1刷発行
2021年7月20日　第2刷発行

著者　白水 貴
発行者　土井成紀
発行所　NHK出版
〒150-8081東京都渋谷区宇田川町41-1
電話 (0570) 009-321(問い合わせ) (0570) 000-321(注文)
https://www.nhk-book.co.jp (ホームページ)
振替 00110-1-49701

ブックデザイン　albireo
印刷　新藤慶昌堂・近代美術
製本　藤田製本

Printed in Japan ISBN978-4-14-088484-3 C0245

NHK出版新書好評既刊

NHK出版新書好評既刊

NHK出版新書好評既刊

「等身大」で生きる
スケートで学んだチャンスのつかみ方

鈴木明子

病気を乗り越えて2大会連続の冬季五輪出場を果たした鈴木明子が、「チャンスのつかみ方」などスケートで学んだ〝すべて〟を引退後に初めて語る！

475

ルポ 消えた子どもたち
虐待・監禁の深層に迫る

NHKスペシャル「消えた子どもたち」取材班

虐待、貧困等によって監禁や路上・車上生活を余儀なくされた子どもたちが置かれた衝撃の実態が、大規模アンケートと当事者取材で今明らかに。

476

銀河系惑星学の挑戦
地球外生命の可能性をさぐる

松井孝典

宇宙ファンなら知っておくべき、惑星の基礎知識から探査の最前線まで、易しく網羅的に解説する。21世紀の宇宙観が見えてくる一冊。

477

恐怖の哲学
ホラーで人間を読む

戸田山和久

テーマはホラー。感情の哲学から心理学、脳科学まで多様な知を縦横無尽に駆使し、人間存在のフクザツさに迫る。前代未聞の哲学入門！

478

資本主義の極意
明治維新から世界恐慌へ

佐藤 優

テロから金融危機まで。歴史をさかのぼり資本主義の本質を明らかにするとともに、矛盾のなかで生き抜く心構えを説く。新境地を開く書き下ろし。

479

スーパーヒューマン誕生！
人間はSFを超える

稲見昌彦

拡張身体、サイボーグ、分身ロボット——SFは現実となるのか。人間拡張工学を研究する著者が「スーパーヒューマン」の登場を鮮やかに描き出す！

480

NHK出版新書好評既刊

怖いクラシック
中川右介

クラシックの王道は「癒しの音楽」に非ず！ モーツァルトからショスタコーヴィチまで、「恐怖」をキーワードに辿る西洋音楽の二〇〇余年。

481

政治家の見極め方
御厨 貴

なぜ安倍政権の支持率は落ちないのか？ なぜ政治家はケータイにすぐ出るのか？ 18歳選挙権から今夏参院選までも読み解く新感覚の政治入門！

482

恋愛詩集
小池昌代 編著

詩人が古今東西の名詩から39篇を厳選、コメントを付す。切にうたいあげられた愛の言葉が胸に迫る。好評『通勤電車でよむ詩集』の続編。

483

奇妙な菌類
ミクロ世界の生存戦略
白水 貴

本物の花そっくりに化け、アリの身体を乗っ取って操り、罠を使って狩りをする……。キノコとカビの驚きの生態と変幻自在のサバイバル術を大公開！

484

戦後政治を終わらせる
永続敗戦の、その先へ
白井 聡

『永続敗戦論』で一躍脚光を浴びた著書による戦後日本政治論。真の「戦後レジームから脱却」とは何か。戦後政治を乗り越えるための羅針盤！

485